咖啡小百科

[日]芜木祐介 著
姚玉子 译

中信出版集团 | 北京

图书在版编目（CIP）数据

咖啡小百科 /（日）芜木祐介著；姚玉子译．
北京：中信出版社，2025. 3. -- ISBN 978-7-5217
-6954-8

Ⅰ．TS273

中国国家版本馆 CIP 数据核字第 20247LH552 号

咖啡小百科

著　　者：芜木祐介
译　　者：姚玉子
出版发行：中信出版集团股份有限公司
（北京市朝阳区东三环北路 27 号嘉铭中心　邮编　100020）
承 印 者：北京联兴盛业印刷股份有限公司

开　　本：787mm × 1092 mm　1/32　　印　　张：5.25　　字　　数：119 千字
版　　次：2025 年 3 月第 1 版　　印　　次：2025 年 3 月第 1 次印刷
京权图字：01–2021–4322　　书　　号：ISBN 978-7-5217-6954-8
定　　价：68.00 元

服务热线：400-600-8099
投稿邮箱：author@citicpub.com

写在前面

咖啡，并不是生存的必需品。但我认为，如果想获得丰富的人生体验，它就是一种必要的“瘾品”。

咖啡更多地唤起我们的理性，而非感性。它能让思考变得深邃，使人们在交谈时心灵相通，心情平静。更迷人的是，它能够贴近那些幽暗的情绪。无论是在叹气的时候，还是在咀嚼情感、陷入沉思的时候，咖啡都能让脆弱不安的心灵得到更深的抚慰。

极端点说，我甚至觉得作为咖啡店的一员，我所提供的是“给弱者的瘾品”。即使是最坚强的人，也一定会有脆弱的时刻。奔跑着，就会疲惫，会沮丧、暴躁，会感到孤独和虚无。在这样的时候，请停下脚步，冲一杯咖啡，细细品味，它总能带给你平静与安宁。把咖啡融入日常，你会发现情绪的起伏能得到缓解，也更容易保持平稳的心态。

咖啡使人平静、加深思考的功效，可能部分归功于咖啡因。然而，我觉得起到更关键作用的，是它所包含的令人愉悦的苦味、酸度，和丰富的香气。这种美好、香醇的液体令人陶醉，这才是咖啡的意蕴悠长之处。

咖啡的奥妙之处在于，即使用同样的原料，不同的注水方式和冲煮时间也能带来不同的结果。不同的冲煮手法，能够让咖啡的风味千变万化。

经常有客人问我："怎样才能把咖啡冲得好喝呢？"我会告诉客人基本的冲煮方法，也很高兴客人不仅喜欢我们呈现的味道，还想还原它。但我更希望客人能在家里做出更"有自己风格"的咖啡。

味道是没有正确答案的。用多少克的豆子、多少摄氏度的热水，萃取出多少毫升，如果只是照着这个来做，那就不是你自己的咖啡，而是别人的咖啡，是非常乏味无趣的。咖啡明明有很高的包容度。那么，如何才能创造出属于自己的味道呢？

由于在店里能进行的对话有限，我一直为无法深入探讨这个话题而焦躁，这次终于有机会以文字的形式来好好聊聊它。

咖啡豆是大自然的产物，以它为原料，加上研磨、冲煮这些手工程序，咖啡自然会融入人的个性、审美和品味。每个人的口味也正是基于此而建立的。但是，在这个基础上，如果能掌握一点理论和概念，就能扩大咖啡风味的表现范围，使之更接近自己想呈现的味道。甚至，还可能开发出新的味道。在自己的一生中，不仅仅局限于复制别人的配方，而且要慢慢创造和构建出属于自己的各种味道，这个过程是优雅而深刻的。

不过，咖啡并不是需要一板一眼、郑重其事地冲煮才能享用的东西。即使按一样的方法，味道也会因当时心情的微妙不同而发生变化，有时浓一点，有时淡一点，有时酸一点，有时苦一点。享受这些变化，也是一种乐趣。慢慢地，做出来的咖啡就会一点点染上自己的喜好，带来细微的喜悦和安心。更进一步的境界是“心情舒畅的早上，冲一杯风味明亮澄净的咖啡吧”或“来一杯浓咖啡，安抚一下混乱的情绪吧”，能这样配合心情和时间来冲咖啡，就太棒了。

自己下厨的话，会更懂得欣赏外面的料理的美味之处。咖啡也是如此，自己花心思冲煮过，就可以更深切地品味咖啡师使出浑身解数冲出来的那一杯咖啡的醇香了。而且，没有什么能比在家中为所爱之人精心冲煮的咖啡更美味了。当你能够根据人的口味喜好来呈现咖啡的味道时，就可以为你所珍视的每一个人做出一杯饱含爱意的咖啡。

阅读此书不需要对咖啡已有深厚造诣，本书希望为想学习冲好咖啡的人提供一点线索，让享受咖啡的时光变得更加美好。请原谅资历尚浅的我在这里谈论咖啡，书中难免涉及一些枯燥的理论，也请多多包涵。

了解咖啡的美味之处，从选择咖啡豆开始，用不同的冲煮方法呈现、扩展风味，要说这个过程能够让人生更丰富一点，也绝不为过。不把美味完全托付给他人，不随波逐流，而是亲自累积小小的努力，把好的东西变得更好，构建起自己的独特风格。愿这本书能够成为你开启这段旅程的契机。

第3章 咖啡闲谈——65
享受好咖啡最重要的事——66
猫屎咖啡——69
为深烘爱好者辩护——72
埃塞俄比亚纪行——75
咖啡馆的体验——92

第4章 享受咖啡——99
各种萃取——100
清晨的明亮咖啡——102
午后强劲的咖啡——104
黄昏的深烘——106
思索的时间——108
搭配其他嗜好品——110
巧克力——112
核桃饼干——114
吐司——116
威士忌——118
花式咖啡——120
牛奶咖啡——122
维也纳咖啡——124
皇家咖啡——126
冰咖啡——128
爱尔兰咖啡——130
阿芙佳朵——132
咖啡冻——134

写在最后——141

目录

第1章 冲煮咖啡——1

工具——2

储存罐——4

磨豆机——6

手冲壶——8

法兰绒滤布——10

杯子——12

冲咖啡的方法——14

冲咖啡的步骤——16

冲咖啡的诀窍——20

调整风味——24

萃取的应用——33

第2章 了解咖啡——35

选择咖啡——36

咖啡产地——38

非洲——40

拉丁美洲——42

亚洲——44

生豆处理——46

烘焙咖啡——56

拼配咖啡——62

第1章 冲煮咖啡

咖啡和其他嗜好品的不同之处在于，
必须经过“萃取”这个步骤。
瓶装葡萄酒只要开瓶倒出就能享用，
咖啡则不同，即使入手了心仪的咖啡豆，
最终味道的好坏还是掌握在自己手中。
要在家里享受美味的咖啡，
首先必须知道如何冲煮和保存。

工具

冲咖啡的过程，无非就是把豆子中的香气和风味溶解在热水中，但要冲出一杯好咖啡，工具非常重要。我会推荐一些工具并介绍它们的用途。希望你能使用自己喜欢的工具，即使一开始用起来不太方便也没关系，学会冲煮的原理，让自己去习惯工具，就会用得顺手起来。

储存罐

咖啡必须新鲜烘焙、新鲜研磨、新鲜冲煮，在最新鲜的时候享用。烘焙好的豆子，如果储存得当，三四个星期内喝都是美味的，但不建议存放更长的时间。去喜欢的咖啡店，买够几个星期喝的量就好，不要一下子买太多。

咖啡豆讨厌空气、光和热。为了避开这些，请把豆子避光密封储存在阴凉处，用茶叶罐就很方便。虽然玻璃罐也很好，但不透光的茶叶罐

更适合储存咖啡。马口铁、纯铜和黄铜的茶叶罐，在每天开合摩挲的过程中，手感会变得更加细腻。京都“开化堂”和东京“SyuRo”的茶叶罐非常好用。

短期内能喝完的，就没必要冷藏或者冷冻，否则不仅容易吸收冰箱里的杂味，还会在冲煮时降低水温，导致豆子的成分难以溶解。烘焙后的咖啡豆风味会随着时间慢慢发生变化，这种香气的转变也是咖啡的韵味之一。

磨豆机

品尝好咖啡，磨豆机是不可或缺的工具。新烘焙的豆子，在喝之前恰到好处地研磨、冲煮，是获得最佳口味的基础条件。咖啡豆研磨之后，与空气接触的表面积会增加，风味很快就会下降，因此不建议以咖啡粉的形式储存咖啡。要想冲出一杯好喝的咖啡，使用刚磨好的咖啡粉非常必要。生产咖啡豆要花费大量的时间和精力，为了最大程度享受它的魅力，每个家庭都应该有一台磨豆机。

手摇磨豆机虽然用起来有点麻烦，但感受到豆子在手中嘎吱作响，随之被咖啡的芬芳香气包围，是非常愉悦的时刻，希望大家都能保有这份闲情雅致。至于喝大量咖啡、没有时间每次手磨豆子的人，我建议使用电动磨豆机。我在家里长年使用小富士（Fuji Royal）的“Mirukko”磨豆机[1]。它价格不菲，但可以用一辈子，对咖啡爱好者来说是便捷又放心的工具。

[1] 国内一般叫小富士 R-200 磨豆机。——译者注

手冲壶

以前看到喜欢的电影导演直接用烧水壶潇洒地冲咖啡，特别向往。虽然用茶壶或者带尖嘴的杯子都能冲咖啡，但还是专用的手冲壶注水更方便。关键在于，要让水流按合适的粗细，注入合适的地方。用惯了手冲壶后，就能够按自己的想法来注水，冲咖啡的过程也会变得更加令人愉悦。

注水温度对咖啡的味道有很大影响，将沸水从烧水壶倒入手冲壶，可以让它适度冷却。

我一直是用的 Yukiwa 的手冲壶，已经不止十年了。它的把手不会发烫，而且注水时可以自由地调整水流的粗细，品质极好。为了更符合我想要的冲法，我用锤子把出水口敲打得更细了一点。

法兰绒滤布

如果问我喜欢什么样的咖啡，我会回答“滋味浓郁的咖啡”。我觉得法兰绒手冲（Nel Drip）这种冲煮方式，最适于呈现这种风味。法兰绒滤布，是一种单面有绒毛的柔软织物。使用它，可以较多地萃取出咖啡豆中的油脂，能享受到略浓稠的柔滑口感和丰厚的芳香。一手拿着法兰绒布滤网，一手注入热水，随着咖啡粉慢慢浸湿，手能够直接感受到逐渐增加的重量，这也是法兰绒手冲的魅力之一。人们总觉得这是专业人士专用的高难度工具，其实并非如此。这种冲煮方式能轻松改变咖啡味道，更容易表达出“属于自己”的独特风味。与操作轻便、成品口感清爽干净的滤纸手冲相比，使用双手的法兰绒手冲，能让你感受到多层次的“重”。

对我而言，咖啡是一种能让人平复内心的“瘾品”。用法兰绒滤布冲出的咖啡富有光泽，尤其适合这样的时刻。而且，与用一次就扔的滤纸不同，滤布的颜色会随着使用逐渐加深。用过的滤布剥下来晾干后，充满余味和印记，仿佛生出了表情，让人忍不住收集起来。

杯子

不仅是咖啡，凡是美味的东西，我都想细嚼慢咽。大容量的马克杯也不错，但我还是喜欢用带杯碟的小杯子来享用咖啡。

杯子的形状和颜色对味蕾有着意想不到、不容忽视的影响。我钟情杯缘薄的白色杯子，在店里用的是“大仓陶园”的白瓷杯。不用手指勾住杯子的把手，而是轻轻地捏住，会产生些许紧张感，自然就把背部挺直了。店里的客人们用这个杯子喝咖啡的样子，我在一旁看着都觉得很美。把杯子放回杯碟时，会奏出悦耳的声音。

在家里，我用陶杯的时候比较多。与均匀光洁的瓷器相比，陶杯给

人的印象更柔和。用它盛放的咖啡，风味也会变得平稳温和。

能根据咖啡的风味，变换不同的杯子，不也很好吗？对于细腻澄澈或者有华丽香气的咖啡，我会用宽口的浅杯，香气会更容易扩散，能更清楚地看到咖啡液漂亮的琥珀色。对于风味强劲的咖啡，我会用窄口、略深的杯子。综合咖啡的味道和所搭配的点心来选择杯子，也是一种乐趣。鲁山人[1]说，“器皿是料理的和服”，正因为是精心冲出的咖啡，才更要用心挑选合适的器物。

[1] 北大路鲁山人，1883—1959年，日本传奇艺术家，在篆刻、书画、陶艺、美食烹调等领域皆有造诣。——译者注

冲咖啡的方法

大家比较熟悉的“手冲咖啡”，是指使用法兰绒滤布或滤纸萃取咖啡。

这种冲煮方法并不简单，如果掌握不好，难以持续、稳定地冲出风味；但如果能熟练地运用，就可以呈现出不同咖啡的广泛风味。

稍微了解一些萃取的原理，并想象萃取过程中发生了什么，就能更接近自己喜欢的味道。

将使用后的法兰绒布滤网浸入装满水的托盘中，冷藏保存

基本配方（“【 】”内为二人份）

咖啡粉量：20g【30g】

萃取量：120毫升【240毫升】

咖啡豆研磨程度：中等研磨

预计萃取时间：约2分钟【3分钟】

水温：90~95°C

处理法兰绒布

“法兰绒手冲”听起来似乎门槛很高，其实相比滤纸手冲，在难度上几乎没有区别。造成高门槛的主要原因是处理和保存滤布比较麻烦。追溯咖啡萃取的历史，最初用的就是滤布，为了方便才发明了滤纸。虽然滤纸提高了效率，但也让咖啡失去了一些风味。

法兰绒滤布可以反复清洗使用，但如果布料中混入细小的咖啡粉，接触空气氧化之后会产生不好的味道，需要多加留意。每次使用后轻轻用水冲洗，浸泡在盛满水的托盘中冷藏保存，可以隔绝空气，防止氧化。还可以偶尔用水煮沸，去掉残存的粉末。长时间不使用时，可以冷冻保存。发现萃取咖啡时流速变慢，就需要更换滤布了。一块滤布足以使用百次。

使用滤纸手冲咖啡，萃取的诀窍也是一样的，可以参考从“准备2”开始的步骤。

准备 1

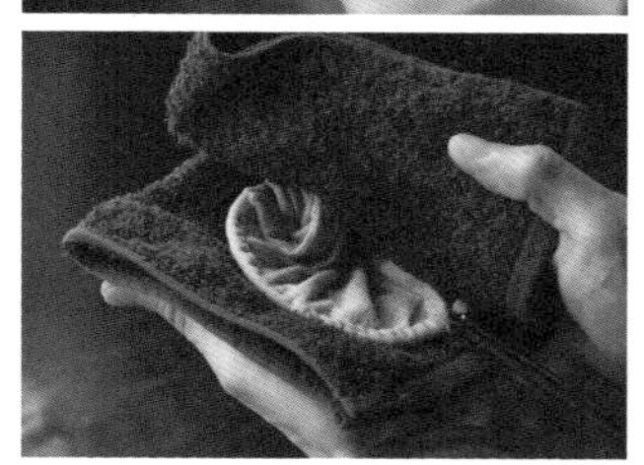

用水冲洗法兰绒布滤网，轻轻拧一下后，用干毛巾夹住滤网，用力按压，吸掉多余的水分。将滤布仔细展平，避免褶皱，滤布有两面，起毛的一面朝外。用软水更容易凸显咖啡的风味特征，可以的话，使用净水器过滤后的水。

准备 2

将现磨的咖啡粉放入法兰绒滤布内，轻轻晃动，让粉末表面变得平整，这样热水可以更均匀地通过。把沸水从烧水壶倒进手冲壶，这个过程刚好让水温稍微冷却到合适的温度。水倒至手冲壶的七分满，这样冲咖啡时更容易控制出水量。咖啡杯或分享壶需要倒入热水预热，再把水倒掉。

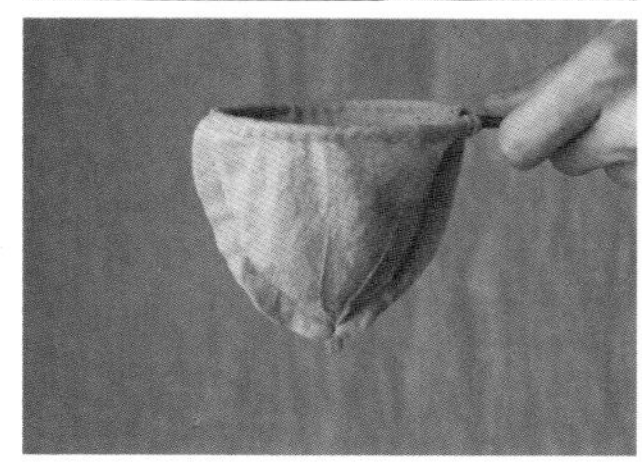

一、闷蒸

首先，用热水浸湿咖啡粉，进行“闷蒸”。用手冲壶注水，从中心向外画圆，让细细的热水缓慢而均匀地落在咖啡粉的表面，渐渐浸透咖啡粉。注意不要把水倒在咖啡粉最边缘的地方。在这个阶段，注水直到稍微有几滴液体从滤网底部滴落，是最理想的状态。不过，即使滴落的量有点多，也不要担心，重要的是让热水浸透所有咖啡粉，这样咖啡粉内含有的气体被释放出来，膨胀隆起，会形成一个蓬松的圆顶。

二、萃取前段

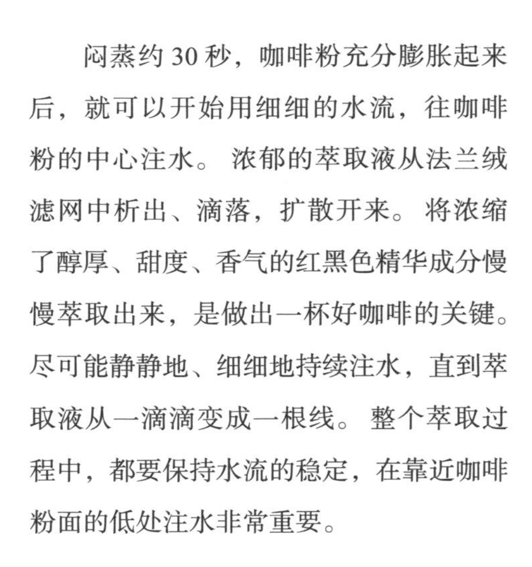

闷蒸约 30 秒，咖啡粉充分膨胀起来后，就可以开始用细细的水流，往咖啡粉的中心注水。浓郁的萃取液从法兰绒滤网中析出、滴落，扩散开来。将浓缩了醇厚、甜度、香气的红黑色精华成分慢慢萃取出来，是做出一杯好咖啡的关键。尽可能静静地、细细地持续注水，直到萃取液从一滴滴变成一根线。整个萃取过程中，都要保持水流的稳定，在靠近咖啡粉面的低处注水非常重要。

三、萃取中段

当萃取液开始呈线状流下后，注水的水流可以稍微变粗一点，略微增加注水量。从中心向外围打着圈注水，再从外围转回中心。此时注意不要在最外围注水。虽然可能会想着别浪费，一口气把水浇到滤网边缘，但这样会破坏自然形成的咖啡过滤层，反而降低了萃取率。

四、萃取后段

随着时间的推移，萃取液的颜色会越来越浅，到萃取的最后阶段，会变得很淡。这是几乎没有咖啡风味留存的液体，越往后味道会越稀薄。也就是说，这个阶段是要把咖啡液稀释到喜欢的浓度。达到适合的浓度时，即使还有液体在往下流，也要移开滤网，结束萃取。浮在咖啡粉表面的泡泡中含有杂味，小心不要落入杯中。

冲咖啡的诀窍

按照上一节的步骤来做，应该能冲出好咖啡。如果能掌握下面的诀窍和原理，会更容易把握咖啡的味道。

充分闷蒸

把热水注入咖啡粉中，闷蒸足够的时间，会让咖啡粉膨胀，成分渗出，之后再注入热水，就很容易溶解了。此外，粉末之间的所有微小缝隙会形成能让热水顺畅通过的通道，也将提高之后的萃取率。如果持续注水，不停下来闷蒸的话，热水往往全都流向最开始注水时产生的通道，导致萃取不均匀。

闷蒸时膨胀较小的话，可能有几种原因。首先，也许是使用的咖啡豆不够新鲜。咖啡豆经过烘焙后含有二氧化碳，研磨后与热水混合，咖啡粉就会膨胀。这种气体会随着时间而流失，所以不新鲜的咖啡豆磨出的咖啡粉膨胀程度会变小。其次，水温过低、咖啡豆研磨得太粗，或者使用了二氧化碳含量较少的浅烘咖啡豆，都可能导致膨胀变小。

完成萃取后，咖啡会形成过滤层

不要破坏过滤层

手冲咖啡属于滴滤式萃取，和泡红茶不同。泡红茶时，是用热水浸泡溶解茶叶中的成分，最后再滤出茶汤，这属于浸泡式萃取[1]。手冲咖啡时，热水不单单是和过滤器中的咖啡粉混合，而且是流经咖啡粉自然形成的厚厚过滤层后，萃取出成分，这种方式也称为过滤式萃取。观察完成萃取后的粉面，如果冲得很好，可以清楚地看到咖啡粉中心有凹洞，形成了过滤层。为了达到最佳萃取效果，请轻缓地将热水注入咖啡粉中心。过滤式萃取的特点是，在一开始就萃取出浓缩的咖啡精华成分，越到后半段浓度越低。因此能够只取咖啡最浓厚美味的部分。

如果从高处猛地注入很粗的水流，或者把热水浇到过滤器的边缘，会破坏过滤层，这样热水不能均匀地通过过滤层，还没来得及充分溶解咖啡粉中的成分就流了下来，会导致萃取不足。

闷蒸后，要注意控制注水量。一次注入过多热水的话，会让过滤层变薄。这样就不是过滤式萃取，更像是浸泡式萃取了，发挥不出过滤式萃取的优势。在冒出细小的泡沫之后，保持好这个状态，尽可能匀速地注水，不要让过滤器中的液体表面时高时低。

[1] 咖啡也有采取浸泡式萃取的器具，例如虹吸壶、法压壶、爱乐压等。——作者注

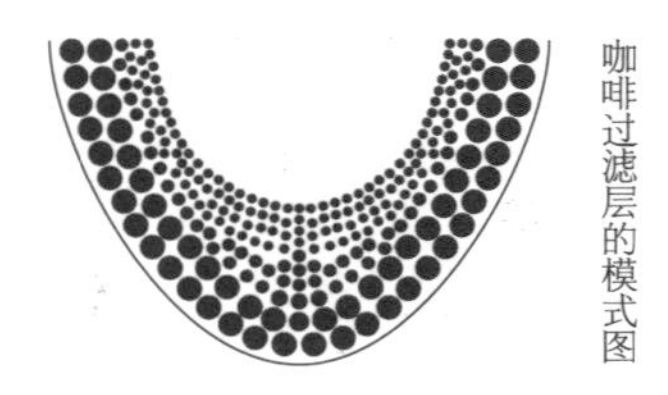

咖啡过滤层的模式图

不要让泡沫沉下去

注入热水后，咖啡粉表面就会浮起泡沫。细腻、蓬松、漂亮的泡沫看起来似乎很美味，但放到嘴里却非常苦涩，一点儿也不好喝。注水时注意保持液面不凹陷，就可以避免泡沫在萃取过程中掉下去。

手冲壶中多加水

如果因为要萃取的量少，就减少手冲壶里的水量，会导致注水时出水困难。所以即使萃取量少，也需要把手冲壶装到七分满，这样可以更好地控制水流的粗细，方便注水。

使用滤纸手冲

市面上有很多不同种类的滤杯，我推荐使用“好璃奥”和“KONO”的产品。它们的下水孔开口较大，热水不容易积聚，就像使用法兰绒滤布时一样，能通过控制注水粗细，调节萃取液流出的粗细，从而调整咖啡的味道，冲出属于自己的风味。

滤纸有两种，经过漂白处理的滤纸，和未漂白的浅褐色滤纸。在用未漂白的滤纸萃取时，可能会混入纸的味道，让咖啡的风味变得浑浊。
在萃取前，需要先用热水冲洗滤纸，再倒入咖啡粉。

调整风味

使用好的原料，萃取得当，就能做出好喝的咖啡。为了更接近理想的味道，我想进一步探讨冲煮方式。

决定咖啡风味的第一步，是使用什么样的咖啡豆。豆子的香气会因种植地区、生豆处理方式的不同而有很大差异。烘焙决定了咖啡豆的酸度、苦味和香味等味道的平衡。萃取只是将这些成分溶解到液体中的过程。冲出好咖啡的捷径是先了解并选择你喜欢的咖啡豆（详见下一章）。

无论冲煮方式多么巧妙，都无法创造出咖啡豆本身所不具备的风味和成分。用酸度强的咖啡豆不可能冲出苦味浓郁的咖啡，反之亦然。然而，这并不意味着随便怎么冲都无所谓。豆子所包含的风味需要通过精心萃取来呈现，使用不同的冲煮方式，味道会有很大不同。尤其手冲咖啡，虽然看似很方便也很常见，但如果操作不熟练，其实是很难的冲煮方式，不容易冲出想象中的味道，或者每次冲出来的味道都不一样。这种味道的变化，总的来说是由于“酸与苦的平衡”以及“浓度”造成的。只要意识到这两点，就能冲出接近好喝的味道。

如何冲煮，没有标准的答案。不同的咖啡店之所以有不同的配方，是因为他们追求的味道都有不同的理想形象。在家冲咖啡时，无须太过死板，尽情享受吧！记住这些小诀窍，只要今天冲出的咖啡比昨天更好喝一点，就是值得开心的事。

酸与苦的平衡

咖啡的风味可以大致分为“香味”“苦味”“酸度”。能通过冲煮方式带来很大变化的，主要是“苦味”和“酸度”。萃取时需要知道的是，苦味不易溶于热水，酸度易溶于热水。无论用什么方式冲煮，都避免不了溶解出酸度。酸与苦的平衡，取决于难溶的苦味溶解到萃取液中的程度。具体来说，苦味少的咖啡，酸度尝起来更明显，整体来说是轻快明亮、轮廓清晰的优雅味道。与此相对，萃取出较多苦味的咖啡，会掩盖掉酸度，而且，由于溶解出的物质总量增加，整体质地会更厚重一些，口感更为浓郁强烈。

冲完咖啡后，如果想要更强烈的苦味，下一次的挑战是如何把难溶的苦味溶解出来。相反，如果想要品尝到更轻盈的味道，就需要考虑怎样减少苦味的溶解。那么，如何调节苦味的溶解程度呢？手段就是调整“时间”、“温度”以及“研磨度”。

· 时间

滴滤式萃取是让咖啡粉形成过滤层，热水流经过滤层，溶解其中成分的萃取方式。咖啡和热水接触的时间越长，难溶解的成分溶解得越多。如果觉得苦味不够、口感不够浓郁，就把注水水流变细，花时间慢慢地萃取。相反，若想要咖啡更清爽一点，可在充分闷蒸之后，注水水流稍粗一点，缩短注水时间，迅速冲好。

· 温度

热水的温度对成分的溶解性有很大的影响。如果水温较高，难溶的苦味成分会变得容易溶解，咖啡的苦味和浓郁度会变强。相反，如果稍微降低水温，在较低的温度下萃取，成分较难溶解，苦味的溶解量会变少，可以做出清新且酸度鲜明的咖啡。但是，为了增加苦味，水温过高的话，涩味也会被一起溶解出来。不要直接使用刚烧开的水，而是要把水倒入手冲壶，等冷却一下再使用。这个转移的过程，可以让水温下降3~5℃。

· **研磨度**

咖啡粉的颗粒粗细也和成分的溶解性有很大关系。磨得越细，表面积（热水与咖啡豆接触的面积）越大，溶解效率越高，会更容易溶解出苦味。反之，咖啡粉磨得越粗，溶解效率越低，不容易呈现出苦味，可以做出清爽的咖啡。

如果使用手冲萃取，建议研磨到比砂糖稍微粗一点的粒度。

如果调整了温度和时间，味道依然太寡淡，可能是豆子磨得太粗了，需要稍微磨细一点。

通过萃取呈现风味时，先确定要溶解咖啡豆中的哪些成分，不溶解哪些成分，是非常重要的。在这里，我们提到了通过控制苦味的溶解来调整咖啡风味的三个要素，但实际上，每一个元素都是错综复杂的，它们相互关联，形成最终的味道。调整味道的方法很多，不一定要改变所有要素。比如若你使用的是手摇磨豆机，如果要根据豆子的不同，每次改变研磨颗粒的大小是很麻烦的。你可以统一按照基本的研磨度，改变萃取的时间和水温。萃取时间是最方便调整的。充分闷蒸后，如果能够通过改变注入水流的粗细，自如地呈现咖啡的不同风味，冲咖啡的乐趣会大大提升。如果离理想的味道还是很远，再试试改变水温。如果味道缺乏冲击力，就提高水温；如果你想要更柔和的味道，就等水冷却一些后再注水，以此来调节成品的风味。

想冲出浓郁强烈、苦味丰富的风味：

· 用较细的水流，花更多的时间萃取

· 用较高的水温（90~95℃）注水

· 咖啡粉研磨得较细

如果做过头[1]，就会导致过度萃取，萃取出不好的涩味，口感变得浑浊。

想冲出清新明亮、轻快优雅的风味：

· 用较粗的水流，花较少的时间萃取

· 用较低的水温（80~85℃）注水

· 咖啡粉研磨得较粗

[1] 需要根据咖啡豆的特性适度调整。——译者注

如果做过头，就会导致萃取不充分，咖啡稀薄，口感寡淡。

浓度

在和店里的客人交流时，发现很多人会把“浓”和“苦”混为一谈。其实，苦并不等于浓。既有淡而苦的咖啡，也有苦味柔和但浓厚的咖啡。上一小节中提到，通过增加苦味成分的溶解，可以提高成品的苦味和浓郁度，但如果想要根本性地改变咖啡的浓厚感和强度，必须大幅调整萃取液的浓度。想要浓厚的口感和苦味时，不管怎么改变注水速度和温度，效果都是有限的。同理，想要口感更清淡的咖啡时，最方便的还是稀释浓度。只有改变咖啡豆的用量或萃取量，才能显著地改变成品的浓度。

越是苦味强的咖啡豆（深度烘焙的咖啡豆），建议越要萃取得浓一些。深度的烘焙会产生独特的烟熏香气，如果冲得太淡，反而会变成粗糙令人不适的味道。保留足够的浓度，才能引出烘焙产生的焦糖般甘香，尝到协调的味道。反之，酸度丰富的咖啡豆（浅烘咖啡豆），如果浓度太高，酸度太强，舌头会觉得刺激。所以建议浅烘豆要冲得清淡些，可以品尝到清新宜人的酸的风味。

· 咖啡豆用量

原理非常简单，增加咖啡豆的用量，溶解出的成分的量也会增加，萃取液就变浓了。前面给大家提供的配方是一杯用 20 克豆子（第 16 页），但对于喜欢浓郁味道的人来说，可能会觉得还不够。增加 5 克豆子，总量到 25 克，就能增加浓度，做出口感醇厚的咖啡。而如果觉得前面的配方做出来的咖啡太浓，或者使用的是酸度较强的浅烘豆时，减少 5 克用量，就可以享受细腻的香气和优雅的酸度。

· 萃取量

咖啡的浓度也取决于萃取量。冲咖啡时滴下的萃取液，浓度并非从头到尾一致。在闷蒸后，最开始滴落的是最为醇厚的咖啡精华。随着时间的流逝，液体逐渐变得稀薄，到萃取最后阶段，落下的液体几乎寡淡无味。在“冲咖啡的步骤”（第 16 页）一节中可以看到液体的颜色变化。一边过滤，一边萃取，这是滴滤式萃取的特点，整个过程，实际上就是在逐步稀释刚开始溶解出的浓厚的前段咖啡。也就是说，减少杯中的萃取液（舍弃后半部分缺乏风味的液体），可以使咖啡更浓。反之，如果进一步持续萃取，就会增加萃取量，味道会变得越来越淡。

在咖啡店喝的咖啡，液体的量与价格不成正比。有些咖啡是用少量的豆子萃取出很多咖啡液，也有些使用大量豆子，只萃取出少量的浓缩咖啡液。这有点像喝威士忌，可以加水品尝清爽的味道，也可以纯饮细细品味，有不同的品饮方式。

慢慢享用少量浓郁的咖啡，是只有用滴滤式萃取才能品尝到的魅力。和朋友一边交流，一边分享清淡多量的咖啡也不错。了解咖啡的浓度，能够展现幅度更广的风味。

想要味道浓郁的咖啡：

· 增加豆子的使用量（如 20 克增至 25 克）

· 减少萃取量（如 120 毫升减至 100 毫升）

想要味道清淡的咖啡：

- 减少豆子的使用量（如 20 克减至 15 克）
- 增加萃取量（如 120 毫升增至 150 毫升）

萃取的应用

懂得萃取的原理，就能够拓展咖啡的冲煮方式，发挥自己的想象来表达每种咖啡的味道。以前就有“浅烘水温高，深烘水温低”的说法。浅烘咖啡有鲜明的酸度和香气，但苦味很难出来，所以需要用高温充分释放出咖啡特有的苦味；而深烘咖啡有很好的苦味，但也容易产生涩味，所以要用低温慢慢冲。这都是前辈们研究累积下来的经验。然而，咖啡萃取没有绝对的方法，关键在于你想呈现什么样的味道。只要照做就一定能冲出好咖啡的黄金配方是不存在的。而且，口味也会随着年龄和经验的增长而改变。自己设定口味的标准，寻找属于自己的美味吧！无须照本宣科，用自己的生活、个性、审美，来创造自己的品味。在家里做咖啡，太过严肃反而很难冲得好喝。每天冲的咖啡，会有好喝的时候，也会有达不到预期风味的时候。“昨天的味道是那样的，那今天试一下这么冲吧”，不断试错，累积小小的经验，你自然会走向美味的咖啡。

第2章 了解咖啡

冲煮咖啡，
除了要知道如何将咖啡豆的成分溶解到液体里，
还要了解如何充分发挥咖啡豆原有的风味。
为了做出喜欢的咖啡，了解和选择好的咖啡豆也很重要。
如果能增加一些知识储备，
就可以根据当下的心情或者搭配的点心来挑选咖啡，
享受更深一层的乐趣。

选择咖啡

不光是嗜好品，但凡是美味的东西，好的原料品质总是第一位的。咖啡也不例外，选择好的咖啡豆至关重要。无论在冲煮方式上花多大功夫，都不可能让B级豆尝起来像A级豆。反之——虽然听起来有点武断——选择好咖啡豆，就可以做出好咖啡。“好咖啡豆”有哪些标准呢？首先它必须是新鲜烘焙、来源很清楚的；同时，瑕疵豆很少，并带有丰富的香气。个体经营店自家烘焙的豆子，一般都能满足这些条件，其中有许多风味很棒的豆子。

然而，它们的风味千差万别。不同的生产地区、咖啡类别、品种、种植环境，甚至加工方法，都会造成风味的差异。此外，咖啡店的烘焙方法也会给最终形成的风味带来很大变化。

相比以前，现在我们可以选择各种各样的咖啡。然而，虽然选择的范围扩大了，太多详细的信息反而让选择更困难了。这种情况下，只要了解以下三点，就足以解读和筛选必要的信息。

那就是“生产地”、“生豆处理方式”和“烘焙度”。咖啡豆在何处收获、如何加工，以及如何烘焙，结合这三个因素，我们应该可以想象到咖啡的大致味道。

咖啡豆来自咖啡树。这种植物开漂亮的白花，散发着茉莉花般的香

果实（左）和咖啡的花（右）

气，结小小的红色果实。小红果的种子就是咖啡的原料。作为一种农业作物，它与大米、水果等一样，产地和种植方式是其味道的重要影响因素。

农民收获果实后取出种子，为便于储存和运输，将之进行干燥处理，就成了咖啡生豆。将果实加工成生豆的过程称为“生豆处理”。因为这个过程对咖啡的风味有很大影响，近年来，人们一直在探索新的处理方法，来创造新的咖啡风味。

接下来，生豆被运到咖啡消费国，在咖啡店烘焙，变成芳香的咖啡豆。产地和生豆处理方法固然重要，但烘焙可以显著改变苦与酸的强度，是影响最终味道的最重要因素。

咖啡产地

咖啡树主要种植于以赤道为中心的南北纬 25 度之间，这个区域被称为“咖啡带”。听到“赤道”这个词，你可能会有非常闷热的印象，但咖啡树大多不喜欢炎热的气候。咖啡树几乎都生长在年平均气温 20℃左右的高海拔地区，早晚凉爽，白天温暖，这种地区也是我们人类能舒适生活的地方。生长在高地的咖啡，由于早晚温差大，种子坚硬紧实，味道因浓缩而更佳。顺便说一下，巧克力的原料——可可豆，也同样生长在赤道附近的国家，其种植范围与咖啡带重叠。不过，可可豆通常生长在炎热潮湿的低地，虽说都是赤道地区的产物，生长环境与咖啡豆完全不同。

一直以来，根据生产地区的不同，有很多不同的咖啡类别。大家可能都听说过“摩卡”、“乞力马扎罗”或者“曼特宁”。在咖啡带内，受气候、日照条件、土壤质量和种植的咖啡品种等多种因素的结合影响，各个地区会形成独特的咖啡风味。正如在日本这样的小国，不同地区大米、水果的味道都有很大不同，在咖啡种植国，同一个国家的不同产区、庄园，甚至不同的田地，都会出产不同风味的产品。如今，不仅可以买到不同国家的咖啡，还可以按产区和庄园细分，选择范围越来越广。

用于饮用的咖啡主要有两种：阿拉比卡种和卡尼弗拉种[1]。咖啡店

[1] 也被称为罗布斯塔种。——作者注

出售的自家烘焙咖啡豆几乎都是阿拉比卡种。该品种约占全世界咖啡产量的70%，具有丰富的香气，但易受疾病影响，而且生长环境限制较多。

相比之下，卡尼弗拉种具有独特的谷物风味，其特点是苦味浓郁，收成好，是抗病性强、耐气候变化、容易种植的顽强品种。与阿拉比卡相比，价格也便宜，主要用于制作速溶咖啡等低价量大的咖啡。此外，也会用于意式浓缩咖啡豆拼配，以增加咖啡的强度和浓郁度。

阿拉比卡种经过育种和变异，进一步细分为波旁（Bourbon）、帝比卡（Typica）、卡杜拉（Caturra）、蒙多诺沃（Mundo Novo）、帕卡马拉（Pacamara）、瑰夏（Geisha）等品种。根据不同的抗病性、土壤、气候条件、追求的风味等，不同国家种植的品种也有所不同。

从下一页开始，将介绍一些具有代表性的生产国。如上所述，虽然同一国家生产的咖啡也种类繁多，但了解了每个国家总体的风味倾向，就可以以此为线索，找到自己钟爱的咖啡。

非洲

埃塞俄比亚

作为咖啡的发源地，这个国家现在仍然有野生咖啡树，可以从中收获果实。咖啡豆是该国的主要出口作物，饮用文化也深深扎根于人们的日常生活中，国内消费占总产量的30%~40%。以前，咖啡豆都从邻国也门一个叫“摩卡”（Mocha）的港口出口，因此，埃塞俄比亚和也门的咖啡豆被统称为“摩卡”。摩卡豆的特点是优雅的酸度和华丽高级的香气。著名的产区包括位于南部的咖啡有美好香气的西达莫（Sidamo）、咖啡香气如茉莉花般华丽的耶加雪菲（Yirgacheffe），位于东部的咖啡独具狂野迷人风味的哈拉尔（Harar），位于西南部的仍保留着野生咖啡森林的金马（Jimma）等。

肯尼亚

与埃塞俄比亚南部接壤的国家。许多咖啡有美好的香气、优良而新鲜的酸质。质量特别好的咖啡有黑醋栗、葡萄酒与浆果的迷人味道。耸立于肯尼亚中央的肯尼亚山，周围分布着基里尼亚加（Kirinyaga）、恩布

（Embu）和涅里（Nyeri）等著名的咖啡产区。

坦桑尼亚

以“乞力马扎罗”咖啡闻名的产地。乞力马扎罗是非洲最高峰的名字，耸立在坦桑尼亚的东北部。这种咖啡由乞力马扎罗山南麓的农家小规模种植，优质的咖啡在酸度、甜感和浓郁度之间有很好的平衡，并具有出色的香气。

拉丁美洲

危地马拉

多火山地区，有丰富的火山灰土壤。有安提瓜（Antigua）、科班（Coban）、韦韦特南戈（Huehuetenango）、圣马科斯（San Marcos）、阿蒂特兰（Atitlán）、阿卡特南戈（Acatenango）、法汉尼斯（Fraijanes）、新东方（Nuevo Oriente）等许多产区，这些产区各有不同的地理特点，生产的咖啡种类繁多。

巴拿马

许多咖啡有细腻美好的风味，特别是近年来备受关注的“瑰夏”品种，花果香气华丽，有非常强烈的个性。“瑰夏”成名后，巴拿马以生产优质咖啡著称，活跃于全球咖啡市场。

巴西

是世界上生产咖啡豆最多的国家，其咖啡豆产量占全球总产量的三分之一。咖啡酸度比较温和，风味浓郁，让人想到坚果和巧克力。是一个积极推进咖啡庄园机械化生产、引入新技术的咖啡大国。

哥伦比亚

世界第三大咖啡生产国。大部分国土是山区，地形复杂，气候多样，包括亚热带、温带和寒带，生产的咖啡因产地不同而风格迥异。相对来说，生产的咖啡具有较强的酸质。

亚洲

也门

也门咖啡与埃塞俄比亚咖啡一起，被统称为“摩卡”进行买卖。也门自古以来与埃塞俄比亚有密切的交流，据说咖啡的饮用文化是从也门发展起来的。也门人不仅喝咖啡，还爱喝用咖啡果肉煮成的“咖许”（qishr）。

井上阳水翻唱的歌曲《咖啡伦巴》[1]中，提到的迷人咖啡“马塔莉”（Matari），就产自也门的巴尼马塔路地区。当地使用传统的方式生产咖啡豆，其产品混入的瑕疵豆比较多，筛选干净后的豆子，散发着独特的辛辣香气。

印度尼西亚

著名的“曼特宁”咖啡豆，产自印尼的苏门答腊岛北部。酸度低、味道强劲有力，有一种野性的香气，让人联想到森林、草药和香料，容易俘获苦味爱好者的心。相比曼特宁，苏拉威西岛的“托拉查”（Toraja）豆子味道更加柔和。爪哇岛生产咖啡的历史悠久，曾经是主要的咖啡产区。与埃塞俄比亚的咖啡豆拼配的摩卡–爪哇（Mocha-Java）被认为是

[1] 原曲为委内瑞拉音乐 *Moliendo Café*（意为“磨着咖啡”），1961年由西田佐知子翻唱成日语版，掀起一股热潮，之后被许多知名歌手竞相翻唱。——译者注

世界上最早的拼配豆。经历病害和经济萧条的打击后，印度尼西亚多种植“卡尼弗拉”种的咖啡树，同时也在积极栽培具有优良酸质和平衡性的“阿拉比卡”种。

越南

种植的咖啡绝大部分是“卡尼弗拉”种，现在是世界第二大咖啡生产国。在高海拔的大叻等地，也有栽培“阿拉比卡”种。在当地，人们把卡尼弗拉种的咖啡豆制作成浓稠的萃取液，与炼乳混合，成为独特的饮用方式（越南咖啡）。

印度

虽然以红茶闻名，但印度其实是亚洲第三大咖啡生产国，仅次于越南和印度尼西亚。如果只论“阿拉比卡”种，则拥有亚洲第一大产量。虽然目前主要生产的还是“卡尼弗拉”种，但正在引进新的生产模式和技术，努力提高“阿拉比卡”种的品质，未来可期。

生豆处理

从收获的咖啡果中取出种子，并将其加工处理成干燥生豆的过程非常重要，不仅是为了方便运输，还能创造出风味。首先来看看咖啡果实的结构。成熟的果实呈红色，去除果肉后，会出现被黏稠物[1]包裹着的核，就跟樱桃或者酸梅一样，黏稠物下的壳[2]里，包裹着两颗种子（咖啡豆）[3]。去除果肉和果胶的过程，就是生豆处理，改变处理方式，咖啡风味会有很大变化。

处理方式大致分为两种，一种是直接去掉新鲜果实的果肉和果胶［水洗法（washed）］，另一种是将整个果实晒干，再剥去外壳［非水洗法（natural）］。

［1］也叫果胶层（pectin layer），成分与果肉相似。——作者注

［2］羊皮层（parchment coat），也叫内果皮。——作者注

［3］极少情况下，里面仅有一颗圆圆的咖啡豆，被称为公豆或圆豆（peaberry）。——作者注

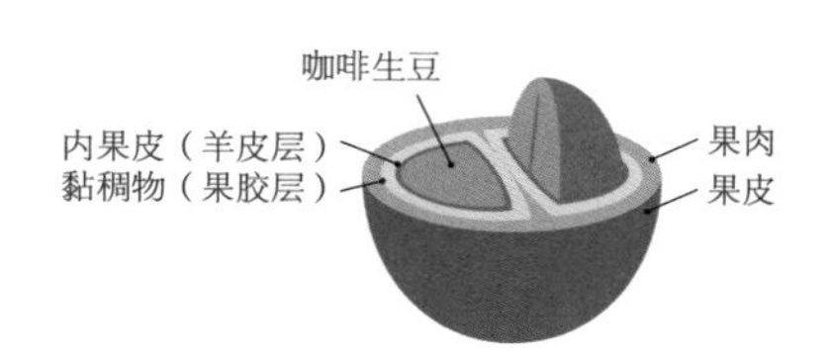

咖啡果实的构造

水洗法（washed）

刚采摘的新鲜果实，直接去掉果肉和黏黏的果胶，然后干燥。顾名思义，这种方式要使用大量的水。首先，将收获的果实放在水槽里，去除漂浮起来的劣质果实（种子发育不完全，比较轻）、树叶、树枝等异物，然后用果肉刨除机施加物理力量，去除果肉。之后，在水槽中泡半天至一天，通过微生物的力量自然发酵，分解掉果胶，最后再用水彻底洗去果胶。如果混入未成熟的绿色果实，咖啡的味道会变得浑浊，通过果肉刨除机可以去掉未成熟的果实，产出杂味很少的干净生豆，这也是水洗法的一大特点。水洗法是包括危地马拉、哥伦比亚等拉丁美洲国家，以及非洲的坦桑尼亚等许多国家和地区广泛使用的生豆处理方式。水洗法处理的豆子味道干净均一，有清晰的酸度与轻盈的质地，口感优雅精致。

非水洗法（natural）[1]

采摘的果实在阳光下晒干，再把干果脱壳。这种方式原始而简单，把收获的果实直接在晒台或者混凝土晒场上铺开，一边搅拌一边让它干

[1] 也称日晒法。——译者注

燥，直到完全变干，再把外壳整个去掉，产出生豆。在埃塞俄比亚和也门，咖啡大多由小农生产，这种不需要特殊设备的处理方式被广泛使用。完整的果实被慢慢晒干的同时，也在进行微发酵，产生复杂的香气和丰富的口感。据说这就是“摩卡”咖啡豆华丽风味的成因。

此外，在面积辽阔的巴西，很多大庄园为了更高效地加工收获的大量果实，会结合使用非水洗法与水洗法，也就是接下来要说的“半水洗法”。近年来，很多中美洲庄园为了创造新的风味，追求与众不同，也在使用非水洗法。

然而，这种方式的缺点是，所有的果实都被干燥成红黑色，难以识别未成熟的果实，因此容易混入更多瑕疵豆。非水洗法处理的豆子质感厚重，常有巧克力、葡萄酒等发酵的香气，或者有香料、草莓果酱等风味，是想要浓郁香气时的首选。

半水洗法（Pulped Natural）

顾名思义，这种方法采用了水洗法和非水洗法各一半的流程。具体来说，前半部分和水洗法一样，把果实浸泡在水槽中，去除坏果和异物，然后用果肉刨除机去掉果肉。水洗法接下来要把豆子泡在发酵槽里去除果胶，但半水洗法是在保留果胶的状态下直接干燥。这样既发挥了水洗法易于去除未成熟果实的优点，又不需要用到发酵槽和大量水冲洗，节省设备与资源，被巴西等拉丁美洲国家采用。

果胶的成分和果肉相似，都以糖分为主，半水洗法带着果胶进行干燥，因此在风味上接近带着果肉干燥的非水洗法。除了具有复杂香气和比较醇厚的口感，还能适当保留优质的酸度。

果胶又甜又黏，像蜜一样，在哥斯达黎加等地，这种生豆处理方式被称为“蜜处理”。这种方式还可以调整果胶层的保留比例，比如百分百保留果胶层的方法叫作“红蜜”，稍微去掉一点的叫作“黄蜜”，等等，有很多变化。为了给咖啡增加更多价值，咖啡生产国正在积极利用生豆处理过程来创造风味。

苏门答腊法（Wet Hulling）[1]

这种处理方式在印度尼西亚苏门答腊岛的部分地区使用，也可被归入半水洗法。首先，用机器通过物理方式去除果肉，在保留果胶的状态下晒干。在一般的半水洗法中，干燥之后，生豆处理就完成了，但苏门答腊法是在豆子未完全干燥、半硬半软的时候，去掉种子外壳，再把尚且包含水分的生豆进一步干燥，才大功告成。因为是先取出生豆再晒干，所需的干燥天数比其他方法少。这种方法是为了适应旱季雨季变幻无常的气候而发展出来的，据说曼特宁特有的泥土和森林气息就是因此而生。想品尝口感醇厚丰富、有独特野性风味的咖啡时，以苏门答腊法处理的生豆是首选。

[1] 也称湿刨法。——译者注

不同生豆处理方式的流程

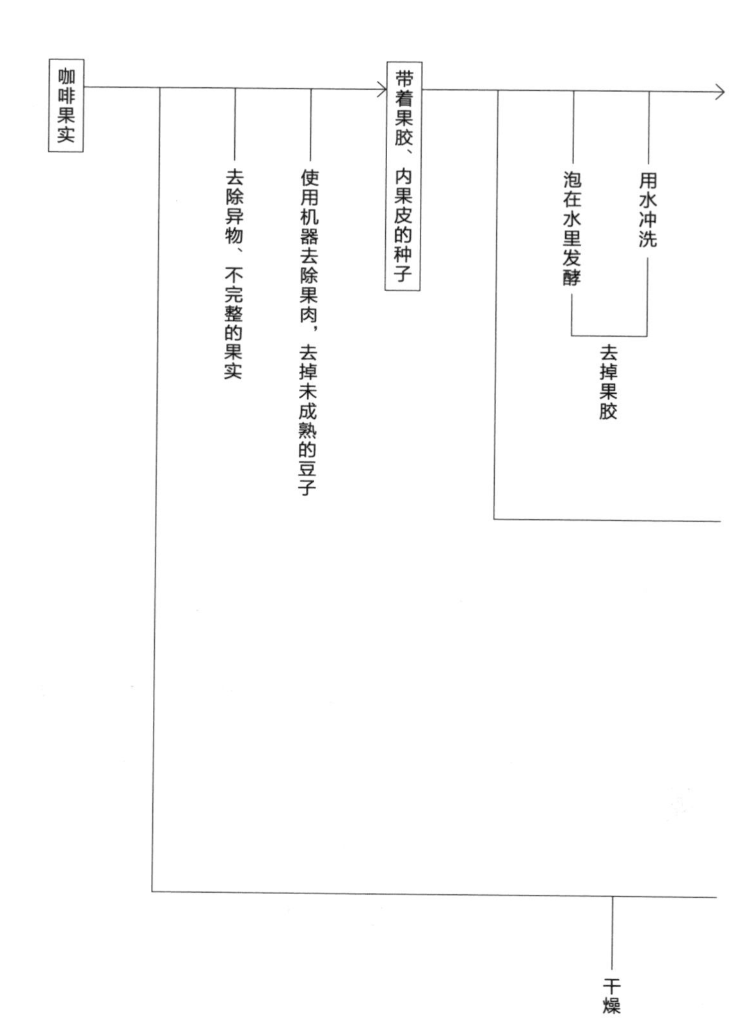

水洗法
干净清爽的风味

带着内果皮的种子 → 干燥 → 脱壳 → 生豆

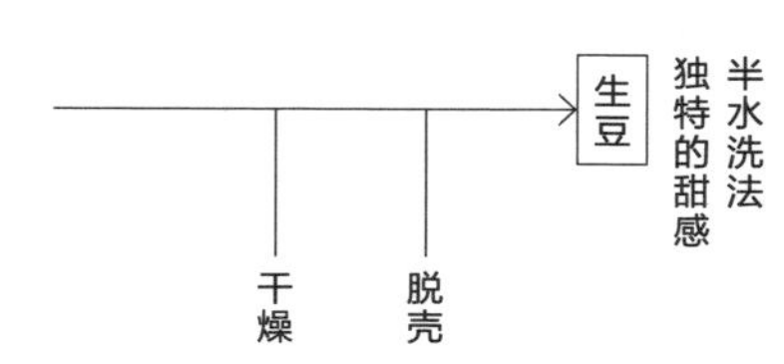

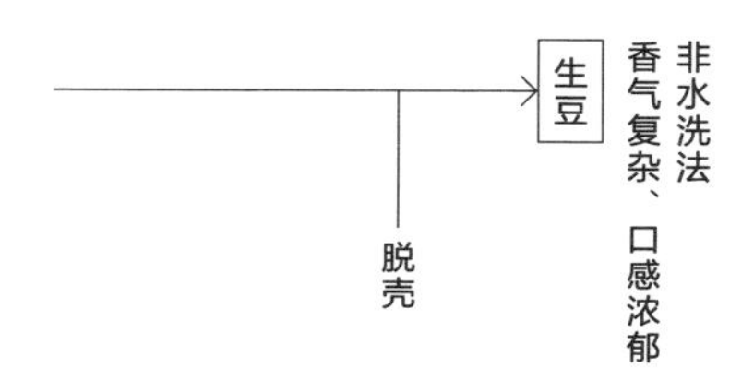

水洗法

用刷子摩擦豆子，
把果胶去除干净

右图：用机器去除果肉
左图：浸入水槽，通过微生物分解果胶

一边搅拌，一边筛选瑕疵豆，让豆子在太阳下慢慢晒干

非水洗法

把采摘的新鲜果实直接在晾晒台铺开，一边筛选出未成熟的果实，一边在太阳下慢慢晒干

干燥后的豆子呈红黑色，干巴巴的

烘焙咖啡

咖啡豆是植物的种子，生豆有股腥味，没有好闻的香气。通过烘焙施加高温，生豆中的成分发生了化学反应，才诞生了咖啡的芳香。同时，苦和酸的强度也被确定。常有客人问："摩卡豆不是很酸吗？"其实并不能一概而论。无论什么样的豆子，调整其烘焙程度，可以变得酸度很强，也可以变得苦味很强。

决定咖啡偏好的首要因素，是苦味和酸度的强度，而不是香气的质量。大家会说"我喜欢酸度明亮、清新的咖啡""我想喝苦味浓郁的咖啡"等，喜好因人而异，也随人的状态而变化。比起原产地或生豆处理过程带来的风味差异，烘焙带来的苦味和酸度差异更清晰、更容易区分，所以要找到自己喜欢的烘焙度。

在烘焙时，随着加热程度增加（烘焙程度加深），豆子颜色会从绿色逐渐变成土黄色、棕色、深棕色，最后接近黑色。烘焙度较浅、上色较浅的豆子往往有较强的酸度和较弱的苦味。反之，烘焙度越深，苦味越重，酸度越弱。此外，浅烘焙的咖啡通常带着清新的香气（如明亮的水果香气、华丽的花香等），但这种细腻的香气会随着烘焙程度的加深而消失。烘焙度越深，焦糖香气或者咖啡特有的香气越浓郁，质感也越厚重。更深的烘焙会产生一种近乎烧焦的烟熏香味，风味也会变得更"干"。

烘焙度可以显著改变咖啡的味道，但无论烘焙得多好，都不能创造出咖啡生豆本身不具有的香味。咖啡店烘豆师的工作，是通过调整烘焙温度、烘焙时间、排气等因素，充分发挥每种咖啡豆的特性，以达到理想的风味。

烘焙度分为 8 个程度。虽然各家咖啡店的标准略有不同，但从最浅的程度开始，依次有轻度烘焙（light roast）、肉桂烘焙（cinnamon roast）、中度烘焙（medium roast）、中度微深烘焙（high roast）、城市烘焙（city roast）、深度城市烘焙（full city roast）、法式烘焙（French roast）和意式烘焙（Italian roast）8 种。把它们分为 4 个大类，可能会更容易理解：浅烘（轻度、肉桂）、中烘（中度、中度微深）、中深烘（城市）和深烘（深度城市、法式、意式）。

有的咖啡豆表面会覆盖着一层闪亮的油脂。这是烘焙过程中产生的气体释放出来时，豆子内部的油脂被带出表面而形成的。这种现象常见于用强火烘焙或深度烘焙的豆子。

烘焙程度与风味的变化

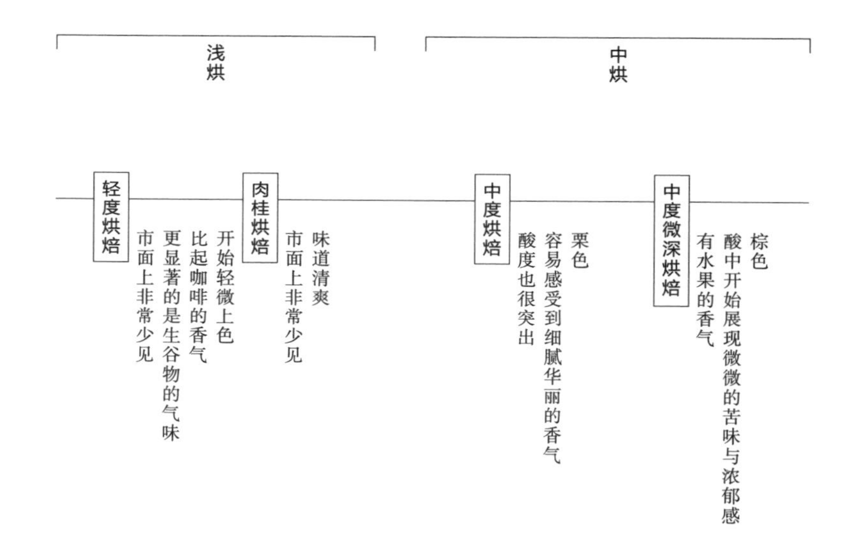

酸度
细腻的香气

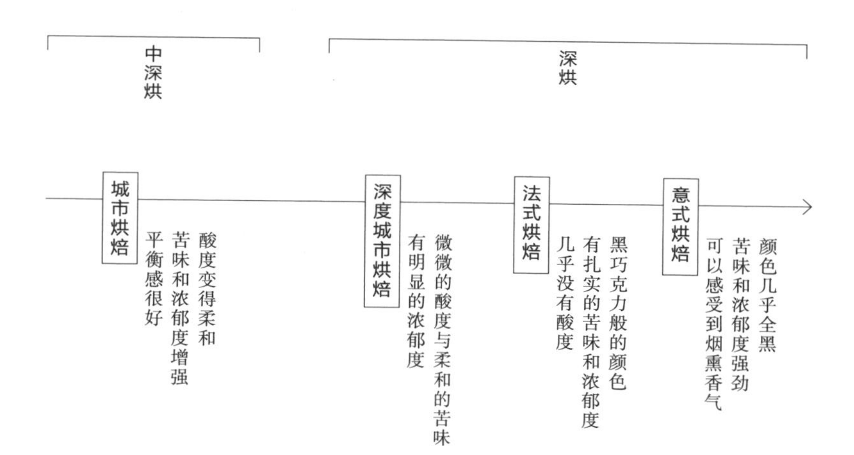
中深烘
深烘
城市烘焙
酸度变得柔和
苦味和浓郁度增强
平衡感很好
深度城市烘焙
微微的酸度与柔和的苦味
有明显的浓郁度
法式烘焙
黑巧克力般的颜色
有扎实的苦味和浓郁度
几乎没有酸度
意式烘焙
颜色几乎全黑
苦味和浓郁度强劲
可以感受到烟熏香气

苦味
浓烈的香气

F.ROYAL

F.ROYAL

拼配咖啡

近年来，来自单一种植园、具有独特个性的咖啡不断增加，品尝单品咖啡（Single Origin）的机会也越来越多。

咖啡豆产地、生豆处理方式、烘焙方法都很明确，参照这些信息，可以让思绪漫游，一边想象着那片土地上生产咖啡豆的人们，一边享受咖啡。

与单品咖啡相对的拼配咖啡，是几种咖啡豆的混合物。听到这句话时，有些人可能会有负面的印象。也有很多人认为"好咖啡都是单一产地的"。诚然，量产的咖啡会以廉价咖啡豆为基础，和有个性的豆子拼配，以保证性价比，或者减少因批次不同产生的风味波动，保持更稳定的风味。

然而，"拼配"的出发点有很多。大多数情况下，个体经营的自家烘焙店做拼配咖啡，都是为了"创造风味"。做出单品咖啡无法表达的深邃与复杂性，是拼配的精髓，拼配是为了接近理想风味而进行的创造性工作。

如果说单品咖啡是独奏表演，那么拼配咖啡就是合奏。大提琴音色低沉，小提琴音色令人感觉如风拂过，小号音色明朗嘹亮……这些个性闪耀的音色，通过合奏诞生的和谐之美与深邃意蕴，与咖啡拼配产生的味道有共通之处。

尽管每种乐器有各自的天赋和个性，但并非只要合奏就一定能产生美妙的音乐。咖啡拼配也是如此，并不是把高质量的原料放在一起就行，而是像谱曲一样，是一个拓展和调整风味（用来自何处、如何处理的生豆，怎样烘焙、拼配）的过程。

我会在脑海中想象：“应该让埃塞俄比亚的风味更明亮……想让曼特宁用更低的音色来演奏，所以要加深一层烘焙度……”，等等。一边思考，一边调整细微的差别，朝着自己“描绘”出的理想风味，选择生豆，进行烘焙，拼配咖啡。

如果只是简单地认为“难得来咖啡店，一定要喝单品咖啡”，那就太浪费了。拼配咖啡表达了作为“演奏指挥者”的店主的思想，希望你能先尝尝它。

第3章 咖啡闲谈

我常常陷入关于咖啡的苦思冥想：
到底什么样的风味才能称为美味？
咖啡、咖啡店该以怎样的形式存在？
存在的意义又是什么？…… 总是呆呆地思考着这些问题。
虽说咖啡终究是要真正用嘴巴品尝而不是用脑袋空想的东西，
但借这个机会，
还是想稍微聊聊自己平时关于咖啡的各种想法。
虽然只是零散的话题，
但这些只言片语也许能对大家品味咖啡有所帮助。

享受好咖啡最重要的事

我的乐趣之一，是去附近的米店，一边买米，一边和店主爷爷聊些无关紧要的话题。每次买一点，一次次地去，主要原因是想买现磨的大米，但也许更重要的是喜欢由此而生的闲聊时光。从熟悉的人那里买来的米，吃起来最舒心。随着碰面次数增多，爷爷会告诉我煮饭的技巧和不同的吃法，还有正值时令的美食。咖啡也一样，享受好咖啡的最佳捷径，是找到自己投缘的咖啡店。

如今咖啡随处可得，选择太多，也许你反而不知道该从何入手。就算翻开杂志，上面推荐的咖啡店也很多，该从哪里开始才好呢？其实说得极端点，不管去哪家，只要是小型的自家烘焙咖啡店，都能喝到好咖啡。

我曾经在一家大公司工作，深刻感受到组织越庞大，制造者、销售者以及管理层之间的距离就越远，公司的根本业务理念就越容易与销售者的想法产生分歧。与之相对，那些投入个人积蓄、横下心来开店的独立咖啡店，大多数都安静不张扬，但坚守着某种强烈的经营理念。

像这样有灵魂的店，虽然个人喜好会有偏差，但提供的咖啡一定是优质的。而且就像家附近的米店一样，相熟之后，店主会更加切身为顾客着想。

咖啡作为一种嗜好品，更是如此。好的咖啡店会很乐意回答客人的提问——口味偏好、在什么情境喝、与什么搭配等，详细地了解各种问题，从心底里希望客人能享受到喜欢的咖啡，而不是喝完不适合的咖啡后大失所望。

这就是有人情味的店的魅力，你能看到对方的脸，他们会为你考虑什么最适合你。我不希望大家被排行榜或者别人的评价牵着鼻子走。如今，在网上买什么都很容易，我们虽然从这份便捷中受益，但只有买卖双方相互沟通理解，才能从味觉和情感上都真正享受到这份美味。那么第一步就是，推开一家你感兴趣的、觉得可能舒服合拍的咖啡店的门吧。

另一件重要的事情，就是付出精力。在家做一顿好饭需要花点功夫，做咖啡也是如此。不像其他嗜好品，比如瓶装葡萄酒或者包装精美的巧克力，只要倒酒或者装盘就行了，咖啡必须经过萃取，需要投入时间和精力来呈现美味。花的功夫越多，味觉体验就越深刻。

但为何咖啡总是很容易被忽略呢？在品味很好的高级酒店，享用精心烹调的美味早餐令人心情愉悦，但很少能喝到令人满意的咖啡。很多地方使用的都是廉价的量产咖啡豆，也不是现磨的，这种反差令人沮丧。没有什么比美味的咖啡更能带来一个心情舒畅的清晨。明明只需使用好豆子，在萃取前现磨，就足以让咖啡好喝，这些步骤却被忽视，实在是很可惜。

想喝到一杯好咖啡，需要重视咖啡豆的新鲜度，每次冲泡前现磨是必不可少的工序。咖啡的冲煮方式也很重要，使用法兰绒滤布可能是最烦琐的一种吧。使用前要用毛巾吸干水分，用完后需要在流水下冲洗，然后冷藏保存。和滤纸相比确实很麻烦。然而，制作一杯法兰绒手冲咖啡所耗费的时间、精力和心思，正是它的奢侈与回味无穷之处。虽然推荐法兰绒滤布，但也不是非它不可。只不过，想要做出真正的美味，关键的要素恰恰蕴含于这些麻烦之中。

追求效率固然重要，但过分注重效率，必然会失去一些东西。也许精品咖啡可以被称为“低效率的美味”吧。高效和由此省下的时间很有价值，也是我们赖以生存的。但高效到了一定程度，就会变得非常乏味。

虽然这种平衡很难解释，但就算缺乏效率，花上时间、怀着爱意为对方做的东西，一定是最美味的。这就是为什么，我坚持不想推荐自动咖啡机。就算理论上它的确能做出一杯好喝的咖啡，但这无关人的情感和思想，仅仅是按下开关，机器产生的味道罢了。

就算冲煮之人手法笨拙，也没有比由人冲煮的咖啡更好喝的咖啡了。哪怕杂味很多，哪怕有点古怪，但是有人情味，甚至有独一无二的个人风格的咖啡绝对更有魅力。不管是为家人、朋友，还是自己，为珍视的人冲一杯美味的咖啡吧。

猫屎咖啡

《海鸥食堂》，很多喜欢咖啡店的人可能看过这部电影吧。影片中有这样一幕：主人公幸惠冲咖啡时，总会把食指放在刚磨好的咖啡粉上，喃喃一句“Kopi Luwak”。你知道这句美味咒语是什么意思吗？其实就是“猫屎咖啡”的意思，这种咖啡取自印度尼西亚麝香猫食用咖啡果实后排出的粪便。“Kopi”在印尼语中是“咖啡”的意思，“Luwak”指的就是这种灵猫科动物。

麝香猫会挑选熟透的咖啡果实吃，从它们的粪便中采集到的咖啡豆极其稀有，被称为全世界最昂贵的咖啡豆，价格在普通咖啡豆的十倍以上。

咖啡豆在麝香猫肠道内经过微生物发酵，产生独特的风味，这种香味正是猫屎咖啡的魅力。要说味道值不值这个价格，实话说有点勉强。个人觉得比起味道，它的价值更多体现在稀有性上，所以我对它没什么兴趣。事实上，现在的咖啡市场汇聚各种优质原料，有很多其他豆子在风味上更吸引我。

然而，有一年夏天，我有机会拜访印度尼西亚的咖啡庄园，在那里遇到了这种过去一直不太关心的豆子——猫屎咖啡。这次旅行使我受益匪浅，走访了很多令人惊叹的庄园之后，我积累了宝贵的经验。其中一个庄园，就出产这种咖啡。

印度尼西亚在咖啡传播历史中至关重要。追溯咖啡走向世界的起源，是荷兰人把咖啡从埃塞俄比亚和也门带到其殖民地印度尼西亚，开始种植。就这样，咖啡经由欧洲，在世界各地展开种植。

如今印度尼西亚的咖啡市场充满惊人的活力。和发达国家一样，时髦的咖啡店在街上很常见，很多年轻人经营的咖啡店提供浅烘咖啡。很多印度尼西亚人信仰伊斯兰教，对于不喝酒的他们来说，咖啡也许是不可或缺的。

当地人告诉我，在印度尼西亚遭受荷兰殖民、扩大咖啡种植面积的时代，本国人被迫劳动，却不被允许喝咖啡。当时，荷兰殖民政府强迫当地人种植咖啡等指定农作物，垄断买卖，累积了大量财富。深陷贫困的人们没有获得咖啡的正当途径，只能饮用从麝香猫粪便中清洗出来的咖啡豆，这就是猫屎咖啡的起源。这并不是一个关于美味的故事。知道如此黑暗的背景之后，我心中百感交集。他们喝到的第一口咖啡，该是怎样深刻的滋味呢……

这不仅是印度尼西亚一国的情况。当时，欧洲各国纷纷压迫其殖民地生产咖啡，供本国消费或出口。现在的咖啡产业正是建立于这段黑暗历史之上。即使在今天，依然有许多咖啡农生活水平低下，处于贫困之中。虽然我只是市场中一个非常小的参与者，但我觉得无论如何都应该让参与咖啡生产的人们活得更好。

咖啡产地与消费地之间巨大的距离和文化、价值观差异，让双方难以共享相同的使命感。作为消费地的咖啡店，我们应向生产地的农民提供与其劳动“相符的报酬”与“自豪感”。通过出色工作生产优质咖啡豆的人，应该获得良好的报酬。即使不直接与农民打交道，让自己的生意加入这个良性的买卖循环也很重要。这样才能提高农民的收入，让他们对自己的工作抱有更强的自豪感。这将会是一种可持续的共同发展形式。现在，在便利店也能买到便宜、味道还不错的咖啡。这是一个了不起的时代，但是，不该因此产生错觉。“好的”咖啡，绝对不是便宜的东西。

“Kopi Luwak.”对我来说，这不是一句冲出美味咖啡的咒语，而是对咖啡产业黑暗历史的警醒，要自觉自己是蒙受恩惠的一方，重新认识在生产者和消费者之间建立良好关系的重要性。

为深烘爱好者辩护

“我不喜欢酸的咖啡。”向客人介绍咖啡豆时，问及他们的喜好，常常听到这样的回答。“变质的咖啡豆会有怪异的酸味，但新鲜优质的咖啡豆会有像水果一样令人愉悦的酸味哦”，作为咖啡店老板，这样说是不是正确答案呢？不，这是过时的，在以前这样说也许没错，但现在优质咖啡豆很容易买到，每个人都在不知不觉中接触并习惯了好咖啡。“我不喜欢酸的咖啡”，我认为这样回答的人，单纯是因为浅烘咖啡不合口味罢了。

随着咖啡豆烘焙程度的加深，香气也朝着相同的方向汇聚。也就是说，苦味和浓郁度加强，风味会失去个性，继续加深烘焙的话，会产生烟熏的香气。浅烘咖啡的魅力在于，可以最大程度感受到香气的个性。为了评估生豆风味，人们进行杯测[1]时也是使用浅烘豆。作为咖啡庄园发展的基础（生产出更具个性的豆子，获得更高的报酬），浅烘咖啡豆更具辨识度。许多明星咖啡师在比赛中也使用浅烘咖啡豆，在世界范围内，浅烘咖啡豆都是一种“流行”。

浅烘爱好者可能会把深度烘焙视为一种浪费，因为觉得苦味增强，失去了复杂多样的香气，从而降低了使用高品质咖啡豆的意义。然而，总有一种味觉的深度，是必须经过深烘才能产生的。比起个性的风味，也有许多人更喜欢圆润而浓郁丰富的苦味。浅烘必定会伴有酸味。是选择

[1] 一种咖啡品鉴的方式。——作者注

接纳这种酸味、充分品味豆子的独特个性呢，还是选择个性平稳，但浓郁、苦味饱满的深烘香气呢？这都是根据喜好而做出的个人选择。

我自己烘焙的咖啡，既不太浅，也不太深，是比中深度烘焙稍微再深一点点的程度。但我觉得，如果说“好豆子就应该喝浅烘的”，那就错了。咖啡作为一种嗜好品，何为“美味”是没有正确答案的。好咖啡可以有很多种形式，人们对好咖啡的取向与成长背景、所处环境、时间和经验均相关。极端点说，即使是在国际比赛上获得极高评价的咖啡，也不是所有人都会觉得好喝。世界第一的咖啡，未必是日本第一，对许多个体来说，它都未必是最好的咖啡。不觉得获奖咖啡世界第一并不意味着品尝者低人一等，或是味觉不够敏锐、品尝不出好坏。喝咖啡并不是一种时尚。在这个信息爆炸的时代，我希望大家不被各种信息左右，不要把美味交由他人去定义，都能去寻找自己真正觉得好喝的咖啡。

大家有很多机会了解流行的浅烘咖啡，所以在这里，我想为深烘爱好者辩护，说说深烘咖啡的魅力。首先，深烘咖啡豆要冲得浓才好喝。浅烘豆如果冲得太浓，酸度会太强，而深烘豆则会产生厚重感和深邃的味道。一小口一小口地品尝这种浓厚的滋味，会吸引你去冥想，让你深入思考、调整呼吸的宝贵时间变得更加深刻。深烘咖啡的另一层魅力，是独特的圆润优雅口感。浅烘咖啡有个性的香气和酸度，带着“明亮的光泽”，而深烘咖啡在苦味的深处会传来淡淡的香甜，有一种更矜持的味道。

对浅烘咖啡和深烘咖啡的偏好，会不会跟欧美与日本的民族性格差异有关呢？欧美人直截了当，善于表达，放飞个性，而日本人则更加谦虚，羞涩温和。又比如，与重视清晰度的西方语言相比，日语试图通过相互的推测理解，用很少的词表达很多的含义。欧美明亮开放的氛围与浅烘咖啡有相似之处，而日本感受阴翳中暗光之美的审美意识，是不是与深烘咖啡的滋味有共通之处呢？

深烘咖啡的独特风味不断发展提升，我希望能传达它的魅力。但我并不讨厌浅烘咖啡，有很多喜欢的浅烘咖啡豆。充满个性的风味总能激发我在处理方式上的创作欲，更重要的是，明亮的浅烘咖啡会让心情也一起明亮起来。偶尔在街上的咖啡摊，一边和时髦的咖啡师笑着闲聊，一边等一杯外带的浅烘咖啡，对于本性内向阴郁的我来说是件好事。这个早上，我正坐在附近一家热闹的咖啡馆里，一边喝着浅烘咖啡一边写作。咖啡真的很好喝。不过，对我来说量有一点太多了。

埃塞俄比亚纪行

探访原始森林

“曼基拉森林。”听说埃塞俄比亚的深处有咖啡原始森林，我决定托人牵线，去那里看看。“追根溯源很重要。”尊敬的前辈说过的这句话，一直在我脑海中挥之不去。那里的野生咖啡树自古枝繁叶茂，生生不息。埃塞俄比亚咖啡香气萦绕，具有无与伦比的魅力。到了那里，就可以更真切地了解它迷人之处的根源吧。

情迷摩卡

因为过去从名为“摩卡”的港口出口，埃塞俄比亚的咖啡也被称为“摩卡”。咖啡诞生于埃塞俄比亚，饮用文化在亚丁湾对岸的也门开花，这就是现在全世界饮用的咖啡的起源。摩卡有着难以形容的独特华丽香气，这种香气被称为“摩卡香”，我从很久以前就被它俘获，现在店里使用的咖啡豆一半以上都是摩卡豆。

我是从什么时候开始喜欢上摩卡的呢？搜寻记忆，回想起的是在福冈的咖啡店里喝到的那一杯。我从年轻时就喜欢咖啡和咖啡馆，但那是我第一次真正被味道打动。奇异迷人、华丽复杂的味道令人叫绝。那并不是一种“有趣”或者“崭新”的惊人体验，而是一种滋味深厚、渗入身体深处的感觉，虽然是很抽象的形容，但无论是在风味上还是在情绪上，令人愉悦的余韵都持久而绵长，踏出店门时，那种浑身舒展的感觉我至今记忆犹新。想来，那就是我被摩卡迷住的起点吧。

虽然都称作“摩卡香”，但咖啡风味因产地和加工方式的不同有显著的差异。在生豆处理方式上，东部的哈拉尔和西南部的卡法大多采取非水洗式（第 47 页）。这是最简单的方式，采摘的咖啡果实直接晒干，脱壳后得到咖啡豆。彻底干燥需要时间，在这个过程中产生轻微的发酵。据说摩卡的独特风味就是由这种发酵产生的。南部的西达莫、耶加雪菲等地，采用水洗式（第 47 页），先去掉咖啡果实的部分果肉，再进行干燥。耶加雪菲产的咖啡带有红茶的风味，芬芳馥郁，受到全世界的喜爱，同名生豆已经成为一种明星豆。除了生豆处理方式，东部的哈拉尔、西南部的卡法和南部的西达莫气候与风土也各不相同，这些因素结合在一起，生产出的咖啡具有其他产地无可比拟的多样性，多样性也是摩卡咖啡的重要特征。

前往埃塞俄比亚

埃塞俄比亚被称为“非洲之角”，位于非洲大陆东北部，是被肯尼亚、苏丹等国家包围的内陆国。在长期遭受欧洲各国殖民统治的非洲大陆上，埃塞俄比亚是少数保持独立的国家，其历史可以追溯到公元前。相传埃塞俄比亚的第一任国王——曼涅里克一世，是象征智慧的所罗门王与示巴女王之子。与日本相似，埃塞俄比亚虽然曾被意大利短暂占领，但国家始终得以存续，发展出了自己的宗教礼仪、文化和生活方式。

深夜从成田机场出发，一趟直飞航班就能抵达首都亚的斯亚贝巴。因为过去一直从前辈们那里听说路途艰难，我反而有些心理落差。不过，多亏航空路线的发展，现在比以前更容易去往非洲各国了。

以埃塞俄比亚高原[1]为中心，埃塞俄比亚国土大部分属于高原地区，海拔2400米的亚的斯亚贝巴是一座气候凉爽宜人的城市。东非大裂谷[2]横贯国土正中，其他地方也可见降雨侵蚀等造成的地貌起伏。我贴在舷

[1] 也称为阿比西尼亚高原，位于非洲东北部。——作者注

[2] 南北纵断非洲大陆的巨大山谷。大陆板块向东西分裂形成的这道“地球伤疤”，平均宽48千米~65千米，最宽处达200千米以上，长6400多千米，有些地方深达1800多米。自北向南，从分隔非洲与阿拉伯半岛的红海出发，穿过埃塞俄比亚高原，经过肯尼亚，到达坦桑尼亚。周围分布着地表隆起形成的悬崖、火山、湖泊。——作者注

窗上怔怔地望着，从飞机上看到那片大地的景色是如此美丽。

无论去哪个国家，我都想尽可能地了解当地的历史、文化、生活等。落地后，离下一段行程还有一点空余时间，听说埃塞俄比亚国家博物馆里有露西的化石[1]，就顺便去参观了。但也许因为满脑子都想着咖啡，展览并没有引起我多大的兴趣（可能主要还是因为我的学识不够吧）。

相比之下，接下来参观亚的斯亚贝巴大学，校园内的小型民俗博物馆，反而是个非常值得一去的地方。友好的向导用有点古怪的英语做了详细的导览，从排列整齐的宗教资料，到民间绘画、传统手工艺，还有来自全国各地的精美生活用品，都令人印象深刻。最让我心动，也让这段旅程更加振奋的，是那里珍藏的各种与咖啡相关的古老道具。

卡法

先乘飞机抵达西南部卡法地区的中心，一座名为金马的城市，再从那里去往原始森林附近的小镇邦加（Bonga）。咖啡的发源地，就在原始森林蔓延的地方——卡法。

关于咖啡的词源，有很多说法。有一种说法认为，自古培育咖啡的

[1] 距今超过300万年的古人类化石，在埃塞俄比亚北部出土。是最早被发掘的人类祖先——南方古猿的化石之一，保留了全身骨架的40%，非常珍贵。埃塞俄比亚不仅是咖啡的故乡，也是人类的故乡。——作者注

卡法（Kaffa），就是阿拉伯语中表示咖啡的“Qahwa（قهوة）”一词的词源。随着Qahwa这种阿拉伯饮料的传播，演变成土耳其语的“Kahve”，而后派生出法语的“Café”、意大利语的“Caffé”、德语的“Kaffee”、英语的“coffee”、荷兰语的“Koffie”等。

实际上，也有很多学者对这一理论持怀疑态度。但是，听到当地人都很自豪地说，卡法就是咖啡名字的起源，我觉得这个说法是不是真的都无所谓了。无论合乎事实与否，看到有点拘谨的埃塞俄比亚人对自己的土地如此自豪，都让人由衷地高兴。

顺带一提，日语中的“珈琲”一词来自荷兰语的“Koffie”，咖啡最早由荷兰人带入日本。幕府末期的兰学家[1]宇田川榕庵，选择了这两个汉字。“珈”字的训读[2]为“かみかざり（kamikazari）”，指垂着珠玉的发簪，而“琲”也有相似的意思，指很多玉石缀在一起做成的发饰。榕庵把咖啡树上挂着红色果实的样子，比作女性用玉簪装饰头发的形象，定下了“珈琲”这个词。我顽固地不使用“コーヒー”，而坚持使用“珈琲”[3]，个中理由难以说清，也许是因为这个词经过日式的过滤，能让人

[1] 在江户时代，日本实行锁国政策，西方国家中仅与荷兰通商。由荷兰人传入日本的西方科技与文化，被称为兰学。——译者注

[2] 日语中汉字的一种发音方式，指采用这个汉字在日语中固有的同义词的读音。与训读相对的是“音读”，即采用这个汉字在传入日本时的汉语发音。——译者注

[3]“コーヒー”是“koffie”直接音译成日语片假名的形式，现代日语中大量外来词都用读音对应的片假名来表示。日常生活中“コーヒー”更为常见，作者在原书中均使用“珈琲”一词。——译者注

在不知不觉中感受到它的美吧。

与现代化的亚的斯亚贝巴相比，以卡法为代表的其他大部分地区，都跟一般人想象中的“非洲”一样，人们过着朴素的生活。虽然经济增长率很高，埃塞俄比亚依然是世界上最贫困的国家之一，居民平均月收入不到日本的十分之一。

从事农业的人很多，占总人口的30%以上，在旅途中常常可以看到开阔的农田，和许多农夫、家畜的身影。农业机械化似乎没怎么发展，虽然生产效率也许很低，但用马和驴做运输工具，用牛耕田、产生肥料，这种动物与人的生活密切互动的美好的自然形态，在日本已经看不到了。

但听当地的向导说，随着开发，这个国家正在慢慢失去绿色。他甚至说“我很羡慕日本”。我回答说，“哪里哪里，日本到处都是混凝土……”，但他坚持日本的植被很多。查了一下才知道，在森林覆盖率约30%的地球上，日本是森林覆盖率近70%的森林大国[1]，在发达国家中仅次于芬兰，位居第二。这么说来，的确只要稍微往外走走，就能置身于郁郁葱葱的绿色之中。自己国家的魅力，平时觉得理所当然，走出国门之后，意外地会体会更加深刻。

[1] 参考《全球森林资源评估报告》，2015年。——作者注

牧羊人卡尔迪

抵达邦加时已是深夜，靠着手电筒终于到达住宿的小屋。那一晚很快就睡着了。第二天早上，在叽喳鸟鸣声中醒来，走出屋外，空气凉爽而干净，阳光明媚。远处是笼罩在雾气中的山脉，夜行未曾看见的美景在眼前展开。在这个早晨，我一时忘却了异国之旅的紧张，再次感受到面对原始森林的宁静与欣喜。

终于要向森林进发了。车在险峻的山路上开了约两小时后，我沿着一条车开不进去的小路，步行了一个多小时。途中，我遇到了一位年轻人，他在前面村子里的学校当老师。听他说，那里就是传说中的“牧羊人卡尔迪”居住的村子。饮用咖啡的历史起源尚不清晰，卡尔迪传说就是其中一个故事。在法国流传的卡尔迪传说如下[1]：

很久以前，在埃塞俄比亚的卡法地区，有一个小小的村庄，村里有一个叫卡尔迪的年轻牧羊人。有一次，卡尔迪看到山羊们充满活力地蹦来蹦去，像跳舞一样。感到不可思议的卡尔迪注意到，山羊们在吃咖啡的红色果实。他鼓起勇气尝了尝果实，一下子变得神清气爽。

只要吃了果实，就不再有烦恼，卡尔迪变成了快乐的牧羊人。嚼着

[1] *All About Coffee*［阪急传播，威廉·H. 尤克斯（William H. Ukers）著，1995 年］整理了这个故事。

咖啡的果实，和山羊们一起跳舞，过上了幸福的生活。

有一天，一个僧侣路过，吓了一跳。为什么卡尔迪和山羊们正在那儿举行快乐的舞会？

僧侣询问卡尔迪，才知道咖啡果实的事。总在祈祷时犯困的僧侣，认为这种神奇的果实正是神的恩赐。

僧侣想，能不能让它更好吃呢？于是想到把果实烤熟，再煮来喝。这种“咖啡”很快就在僧侣中流传开来，对祈祷产生很大的鼓舞。之后进一步传遍全国。多亏了咖啡，许多人能够精神饱满地生活。

归根结底这并非史实，只是民间故事。虽然也有人认为故事的舞台并不在卡法，而在古代近东[1]，但看到民间传说在这里落地生根，让人不禁感到浪漫。卡法的人们一定在某个时候与咖啡相遇，并以某种方式开始使用它，这一点是无疑的。目送年轻人的背影朝卡尔迪故乡的村庄远去，我走向了森林。

曼基拉森林

走着走着，不经意间，原始森林突然在眼前出现。乍一看，是一片

[1] 即现在的中东一带。——译者注

平淡无奇的树林，没有任何告示牌。可是，这片森林，就是世界上咖啡的发源地。

每踏出一步，我都能感受到自己的呼吸在加深。第一次看到野生的咖啡树群，这是与迄今为止见过的咖啡庄园完全不同的景色。

庄园里的咖啡树通常都以适当的间隔种植，人们管理土壤、修剪树木，以便收获。但在这昏暗的森林中，几乎看不到这样的干预。藤蔓缠绕，青苔丛生，树木安静、纤细而又竭尽全力地生长。它们结出果实，自然落入土壤，生根发芽。不仅是在土壤中，在岩石中、咖啡的倒木上，种子落到哪里，就从哪里发芽、生长。几百年、几千年来，咖啡的生命延绵不息地传承，这片静谧、神圣的繁茂森林，是如此的从容安稳。

走进森林深处，一棵粗壮高大的树矗立在眼前。我被它独特的气场吸引，凝望着它。“这就是母树”，向导说。

母树是这片森林中最古老的树之一，树龄在两百年以上。虽然还有很多更高大、更健壮的树，但母树安详地矗立其间。据说是从向导的爷爷的爷爷那一代开始传下来的。今后也一定会被继续传承下去吧。

与母树的相遇让我感动。最让我感慨的是，此刻，我竟然站在自古以来就孕育着生命的咖啡森林中。作为全世界咖啡的根源，这片野生咖啡森林至今仍在静静生长着。我的心在颤抖。

咖啡仪式

沉浸在这份余韵中，又走了很远的路回到村落。村民们用咖啡招待我们。埃塞俄比亚有一种叫作“kariomon”[1]的传统咖啡仪式。这种自古传下来的做法，不只把咖啡当成嗜好品来品味，还将其用于向长辈表示尊敬，用于表达对日常生活的感谢和对他人的款待，是具有精神性和文化性的风俗。招待客人，或者婚丧嫁娶时，这里也会举行这种仪式。这种礼仪和待客方式，与日本茶道有着相似的精神，但没有那么拘泥于形式，是扎根于日常生活的。这是属于女性的工作，家家户户都传承着自己的味道。女性能完成咖啡仪式，才意味着她成了独当一面的大人。

仪式有一系列的礼节。铺上青草，生起炭火，点燃乳香，以乳香的香气和药性开启对客人的款待。

把咖啡生豆淘洗干净，放在平底锅一样的铁板上，用搅拌棒慢慢烘焙豆子，咖啡的香气扑鼻而来。把烘好的豆子传递给客人，让客人闻香味。接下来，把咖啡豆放入一个木质的小研钵，不使用磨豆机，而是用同样

[1]“kari”指咖啡，“omon”意为“一起”。——作者注

木质的细杵捣碎豆子。据说享受嘎吱作响的清脆声音，也是其中的乐趣。在此期间，用传统的素烧无釉陶壶“Jebena”把水烧开，当壶嘴冒出水汽时，把磨碎的豆子倒进陶壶，再煮五分钟左右，然后把陶壶转移到台子上，等待咖啡粉慢慢沉淀下去。

把上层的清澈咖啡液倒入没有把手的小杯子，壶中的咖啡还可以持续煮至“第三泡”。第一泡称为“Abol”，是香气最丰富的特别咖啡。倒完后，再次向陶壶加水煮开，这是第二泡“Tona”。第三泡叫“Baraka”，喝完这一泡，一连串的仪式就结束了。有时候也会在咖啡中加糖、黄油、盐等。

整个过程持续两个多小时。这种要动员五感来享受的仪式，一天会举行好几回。听他们说，这是非常重要的社交时间。不拘泥于繁文缛节，大家一边喝咖啡，一边欢声笑语地交流。这种咖啡仪式已经深深融入人们的日常，也许就是由此，人们才能够彼此信赖，相互扶持地生活。

“咖啡是真切的好喝。”这是到了埃塞俄比亚后，最让我震惊的地方。也许大家会觉得，既然是咖啡产地，这是理所当然的。然而，咖啡作为经济作物，往往是为消费国而生产的，生产国（特别是贫穷的地方）极少会有享用咖啡的文化。优质的咖啡豆几乎都销往消费国。因此，并不是

去了产地就能喝到好咖啡，这一点跟日本的农作物不同。

很多地方种植咖啡，都起源于欧洲的殖民统治。殖民国为了本国消费或者出口谋利，才开始在殖民地生产咖啡。然而，在有人类居住之前就生长着咖啡的埃塞俄比亚，当地人比欧洲更早拥有饮用咖啡的文化，自古以来喝着自己收获的咖啡豆。与日本的咖啡店相比，这里的烘焙方法、冲煮方式都有巨大不同，杂味也多，但即便如此，咖啡依然很好喝。悠久的咖啡饮用历史、原生物种的潜能、咖啡的新鲜度，也许是主要的原因吧。

假香蕉

埃塞俄比亚的咖啡主要由小农户生产。很少有由庄园主雇佣很多人工作的“咖啡庄园”。小农户在面积像院子一样的小小农田里种着咖啡和其他作物，或者对野生咖啡林稍加打理、从中收获，整体种植规模都非常小[1]。虽然没有经过专门的认证，但基本上都是有机种植，不使用化学合成物。收获后，农户会挖开土壤、播撒肥料，在种植过程中，他们则

[1] 埃塞俄比亚的咖啡种植分为以下四种类型：由农家种植，和其他植物一起低密度栽种的庭院咖啡（50%）；对半野生咖啡树进行简单的土壤管理和筛选的半森林咖啡（35%）；从像曼基拉森林那样的野生咖啡林中收获的森林咖啡（10%）；大小不一、受到管理的咖啡庄园生产的种植园咖啡（5%）。——作者注

会砍掉杂草杂木。另外，一种叫“象腿蕉”（Ensete）的植物对埃塞俄比亚的咖啡栽培非常有益，是摩卡咖啡离不开的。

这种植物长得很像香蕉树，所以也被称作“假香蕉”，主要在南部的西达莫地区种植。果实不能吃，但肥大的叶子和茎中储存的淀粉被用作食物。和苔麸（Teff）[1]等谷物一样，它是许多民族的主食作物。在前往西达莫的旅途中，我有机会拜访农家。茅草屋顶和土墙构成的圆形住宅，被称为西达莫屋。屋子是人们亲手盖起来的，虽然外表看起来有些简陋，但内部毫无多余的构造，朴素而美丽的空间给我留下强烈的印象。山羊、马等家畜饲养在同一屋檐下，起居室里有原始的灶台。

屋外，混栽着咖啡和假香蕉。摘下假香蕉树宽大的叶子，从上面刮下淀粉质，用叶子包起来，放进土里发酵，可用作食物。人们将发酵物盛在木质容器中，加水混合揉捏。当地人还在光线昏暗的屋里燃起明亮动人的火焰，把混合物薄薄地烤成像面包片一样的食物，用来招待我们。烟雾缭绕中，他们熟练精巧的手艺使我看得入迷。

这种被烤成厚可丽饼状的食物叫“Kocho”，是南部地区的主食。虽然很朴素，但有奶酪般的香气和酸味，加上采自北方的岩盐提味，令人上瘾，对于连着吃英吉拉[2]已经吃怕了的我来说，它是难得的佳肴，所以

[1] 埃塞俄比亚的主食“英吉拉”（injera）的原料。——作者注

[2] 埃塞俄比亚的主食。把禾本科植物苔麸的粉末加水溶化发酵，在铁板上烙成可丽饼状。就着炖菜“Wat”一起吃，具有发酵产生的独特酸味，口感湿润。——作者注

它的味道一直留在我的记忆中。

假香蕉不仅能作为食物，茎的纤维还可以做成线和绳，用于制作袋子和垫子，榨出的汁液可以做成婴儿的保健饮料，干燥后的粉末可以被用作药物。人们将其充分利用，一点都不浪费。

假香蕉树的保水能力可以改善土壤，不仅能促进共同种植的咖啡树生长，还调节了微生物环境，使咖啡具有独特的风味。与摩卡咖啡紧密相连的植物——假香蕉，是多么富有智慧的作物呀。

耶加雪菲

离开咖啡的故乡卡法，回到首都亚的斯亚贝巴，然后再坐几小时的飞机和汽车，就到了南部的西达莫、耶加雪菲。喜欢咖啡的人也许听过耶加雪菲这个名字。

埃塞俄比亚南部的西达莫地区是有名的优质咖啡产地，而在相邻的小镇耶加雪菲收获和加工的咖啡豆，更是有着与其他地方不同的华丽香味。我也从这个地区采购过很多咖啡豆。

耶加（Yirga）意为“守护、保存”，雪菲（Chefe）意为“草、水”。

河流潺潺、绿意浓浓，耶加雪菲是一片水草丰茂的土地。利用丰富的水资源，使用水洗法处理生豆是这个产区的特点。埃塞俄比亚原来一直以非水洗法为主流，这项技术是在大约50年前，通过一个旨在提升咖啡品质的大型计划引进的。在那之后，耶加雪菲迅速获得了一批粉丝。

耶加雪菲咖啡的风味使我着迷。这里的咖啡也同样是由小农户种植的，被大型加工厂（生豆处理厂）收集后，再由许多劳动者进行水洗处理。

加工厂很大，沿着山坡，分布着晾晒水洗后豆子的干燥台，在中间有从河里引水、进行水洗处理的设施。在这片广袤的土地上，随处可见劳作者辛勤工作的身影。男人们用刷子清洗豆子，女人们一边唱着祈祷的歌谣，一边仔细挑选干燥的豆子。日本旧时的乡土风景大概也是这样的吧，人们唱着插秧歌，既作为劳动时的消遣，也为了向稻田之神祈祷丰收。

人们专注于单调作业的身影，在回荡的悠扬歌声中，甚至有一种庄严感，直触内心。这样的单调作业绝非乐事，深深的感激之情在心中涌起，我不由得屏住了呼吸。杰出风味的背后，不仅是气候风土和咖啡树本身的力量，也是劳动者们孜孜不倦的工作，赋予了咖啡这种美味。

民众的咖啡

这次旅程中，在探访原始森林和诸多产区的同时，通过接触当地人的日常生活，我对埃塞俄比亚咖啡的魅力有了新的认识。

原生物种的强大品质，加上优良的土壤和气候风土条件，所产生的“毫不刻意的自然美味”是最令我震惊的。消费国有强烈的美食追求，为了满足这种精致的嗜好，世界各地的咖啡生产现场都在探索新的技术和育种方法，以创造出特别的美味。虽然由此诞生的风味也都很吸引人，但埃塞俄比亚咖啡具有截然不同的魅力。

埃塞俄比亚的咖啡，早在有人类居住之前，就在那里生长了。人们和土生土长的咖啡共生，日常饮用咖啡，也将其作为生计来源。当地人不使用化学肥料，通过种植其他有益的植物来改善土壤，以贴近自然的方式栽培咖啡。在这个基础上，通过小农户等劳动者质朴而美丽的手工劳作，才生产出品质优异的咖啡豆。

但是，他们并没有过分执着于咖啡，同时还栽培假香蕉等作物，用作食品、药物，或者纤维、建筑材料，作物在衣食住各方面都能派上用场，一点都不浪费。日常生活中，少了哪种作物都不行。“咖啡”和“咖啡仪式”同样不可或缺。

人们享受自然的恩惠，与之和谐共存，咖啡根植于这种生活方式中，世代相传，经历打磨与沉淀。如果说拉丁美洲通过先进的种植、加工生产出的咖啡是具有装饰性的华美餐具，那埃塞俄比亚的咖啡就是从民众的实用之美中孕育出的民间手工艺品。从摩卡咖啡中，能感受到这种与人们生活紧密相连、自然而然诞生的朴素之美。

虽然听起来有点抽象，但我想，这样独一无二的民众的咖啡，正是不艳俗的摩卡深邃滋味的根源。

咖啡馆的体验

在家喝咖啡虽然也很好，但在咖啡馆喝咖啡果然还是不一样的。这一定是因为，咖啡的美味不仅存在于味道中，在咖啡馆的独特空间中享受时间的流逝，这个行为本身具有不同的精神作用。

我憧憬成为一个生活家，但尚未精于此道。忙忙碌碌，时光在眨眼之间飞逝。尽管如此，我觉得仔细咀嚼每天发生的每一件事，再继续前进，是很重要的。精心制作的美味料理，如果狼吞虎咽就尝不出滋味。难得的款待需要慢慢品尝。生活也是如此，如果太过忙乱，被每天的工作和琐事追着走，情绪浮浮沉沉剧烈波动，这转瞬即逝的可爱人生，就会很快被吞噬。

对我来说，去咖啡馆，是为了能停下来休息一会儿，消化人生中的种种情绪，不管是欣喜、痛苦、欢乐，还是悲伤，这样心态才能回归平和。一杯好咖啡，能够加深人的思考，带我走向一种“无心”的境界。“闪闪发光”的点心，或者精心制作的料理，能够振奋人的情绪，而咖啡起到的是另一种完全不同的作用——安心也好，温柔也好，能给人带来一种更加平和的感觉。也许，这就是外来的嗜好品融合日本文化产生的独特作用吧。

当你感到有点累，想调整状态的时候，推开咖啡店的门吧。只要那里有安静的时光和一杯好喝的咖啡就够了。身居都市时，尤其觉得能度过安静时光的地方出乎意料地少。缓缓落座，歇口气，点单。咖啡要等些时间更好。如果一下子就端上来，反而有些乏味。在饮用一杯咖啡的短暂时间里，想要细细品味每一秒。一边喝，一边倾听。咖啡滴落下来的声音、水壶里冒出热气的声音、瓷器相互触碰的声音，各种美妙的音色在宁静中蔓延。

此时，咖啡送上来了。第一口从舌尖弥漫开，苦味之后，复杂而丰盈的香气慢慢溢入鼻腔。喝到喜欢的咖啡时，在这一刻总会不由叹息。一口，又一口，随着慢慢品饮，各种情绪都自然地涌上心头。有时候，我甚至会闭上眼睛，完全不在乎旁人怎么想。什么都不用考虑，只是安静地喝咖啡也可以。唯有这个时刻，可以卸下背负的一切包袱，进入“无”的时间。这样，就可以恢复平和的心境。走出咖啡店时，连脊背都舒展了，心旷神怡，人也变得积极。有时候，咖啡店是让人获得勇气的地方。对我来说，咖啡店不是忙起来就没空去的地方，而是正因为很忙才必须得去的地方。一定不止我一个人如此吧。

有一间熟悉的咖啡店，可以让人生更丰富。从学生时代开始，我希望自己也能经营一家这样的咖啡店。我在那时就不合群，性格别扭，不擅长和大家聚在一起。开心或者难过，不管发生了什么，都会去街上的咖啡店，独自逃避。那里有安静的时光和美味的咖啡。它们永远站在我这边。

咖啡和在咖啡店度过的时间帮助了我，我希望自己也同样能够帮到谁，就这样走上了经营咖啡店这条道路。从手摇烘豆机开始，到用上小型的烘焙机，再到慢慢有餐饮店开始使用我烘焙的豆子，一路走来我真的很感激。自那时起已过了不止 15 年，现在我在东京台东区有缘的下町经营一家名为“芜木”的咖啡店。店名是我的姓氏，算不上时髦，也不至于俗气。虽然很平淡，但也符合自己简洁的风格。一开始想过叫“芜木咖啡”，但因为同时也在巧克力上投入精力，要是叫“芜木咖啡巧克力”就太长了。想到咖啡豆和巧克力豆都需要经过“焙煎（烘焙）”的环节，也考虑过“芜木焙煎所”这个名字。但我想提供的不仅仅是“商品”咖啡或者巧克力，还希望大家能和我一样珍视在咖啡店的“时光”，所以经过反复斟酌，最终精简其他，选择了“芜木”这个名字。

我从安静、美好的咖啡店获得过很多力量，然而自己开始经营咖啡店后，才深切感受到，除了做出美味的咖啡，要创造安静、清爽的时光是一件多么难的事。直到现在我才意识到，曾经在许多咖啡店感受到的宁静而丰富的氛围并非偶然，而是咖啡店主为我“守护”的时光。如果安静到让人觉得格格不入，顾客会过分紧张，也是不行的。在能度过好时光的店里，一切都被关照着、守护着，安排得妥帖。因此，安静的咖啡店是极其难得的。

在我度过学生时代的盛冈[1]，就有几家这样理想的咖啡店。要说盛冈这座小城有些什么，难以立刻用一句话回答，但这里有一切重要的东西，是生活很舒服的地方。远眺可以望到雄伟的岩手山，城里流淌着清澈的中津河，秋季鲑鱼逆流而上，冬季天鹅在这里休息。街上有电影院和小书店。最令人欣喜的是，这里有好几家有灵魂的咖啡店。

盛冈人都有自己心仪的咖啡店。我心目中也有几家，其中，在“六分仪”度过的时间是无可替代的。虽说喜欢，但也不是经常去，只是作为穷学生拿着仅有的五百日元偶尔去一次。纵然如此，它仍是一家给我留下深刻印象的咖啡店。安静的店里，唱片机播放着香颂（chanson，指复古怀旧的情歌），内敛的老板在后面冲咖啡。所有来店里的人都在以自己的方式度过安静的时光。灰泥墙被40多年的岁月染成褐色，上面挂着旧时钟和六分仪——也是这家店的名字。六分仪是

[1] 位于日本东北部的岩手县。——译者注

水手通过测量太阳和月亮来确定自己位置的航海工具。正如这个名字，在人生的航海中才刚开始划船的年轻的自己，虽然快要迷失方向，但喝着咖啡，隐约望见了人生的道路。从熟人那里听说“六分仪”要关门，是在 2017 年的冬天。感到落寞的同时，那种几乎没有通知任何人、干脆利落的落幕方式，甚至让我觉得很美。之后，又过了半年多，听说那个空间在重新寻找使用者，介绍人推荐了我。怀着能够再一次点亮那个地方的喜悦，以及帮助和当年的我一样想要逃避的人的愿望，我把咖啡店的名字从“六分仪”改成“罗盘针”，接过了舵盘。这是不可思议的命运，也是美好的缘分。但愿在“罗盘针”，依然能让人喝着咖啡，思考“至今为止的事”“从今往后的事”，度过安静的时光。

虽然偏心地写了这么多关于如何享受咖啡店的内容，但就算纯粹为了喝咖啡而去咖啡店也很好。采购、烘焙、萃取，根据不同的组合和制作手法，可以做出各种各样的咖啡。最重要的是，在咖啡店喝的这一杯咖啡里，凝聚了这家店对于味道、空间、节奏等所秉持的理念。品尝咖啡如果只看品牌或者豆子的信息，就如同把它变成一种无机体一样，实在太浪费了。“去喝那家店的摩卡吧！”“今天去尝尝他的拼配。”在平淡无奇的日子里，以这样的方式去享受有灵魂的滋味吧。想到这里，我的脑海中已经浮现了好几位店主温和的面孔。此刻，他们也一定在静静地面对着咖啡，同时想象着带给客人喜悦与治愈。今天，要推开哪家咖啡店的店门呢？

第4章 享受咖啡

喝咖啡是自由的。可浓，可淡，加糖也可以。
自己觉得好的就是最美味的咖啡。
就像每个家庭的料理有自家的味道，
每个人对咖啡都有自己的品味，这是很可爱的事情。
我想分享几种自己喜欢的冲煮和饮用方法。
希望在你遇到美味的咖啡、收到精致的糕点时，对你有所帮助。

各种萃取

在不同时间和心情下，会想喝不同的咖啡。有时想来一杯浓烈的，有时则想喝温和清淡的。如果能根据当时的心情冲出想喝的咖啡，是很棒的。

第 1 章里的萃取基础方法和理论有点枯燥，在这里，想介绍四种我常用的配方。不确定该怎么冲的时候，可以先用一点豆子试试这四种方式，说不定就能找到自己喜欢的冲法和浓度了。

口感清淡的“淡味萃取”。可以呈现出非常柔和的味道，轻盈的咖啡能让时光变得温柔。

甘美丰盈的“中庸萃取”。在第 1 章里也介绍过这种萃取方式，冲出的咖啡苦味鲜明，后味干净，适合的情境范围很广。

对于喜爱深烘咖啡豆、追求强烈的苦味和丰厚口感的人，推荐“浓厚萃取”。用较多的豆子萃取出高浓度的咖啡，享受味道一点一点在口中扩散的过程。

使用更大量的豆子，只取咖啡萃取前段精华的“浓缩萃取”。特殊的豆子更适合通过浓缩萃取来享用，不仅如此，在制作牛奶咖啡等其他花式咖啡时，浓缩萃取也是很有用的方法。

越是浅烘或者中烘、保留较强酸度的豆子，我越是习惯使用比较轻的

关于配方

· 不需要特地用温度计去测量水温，大致把握就好。把刚煮沸的水倒入壶中，会让温度降到 90℃多一点。

· 粉量 / 萃取量 / 预计萃取时间 / 材料的标注数值为一人份，【 】内为两人份。

· 有一些配方使用的是我店里的拼配豆。

· 不需要想得太复杂，当成大概的参考即可。

"淡味萃取"。越是酸度温和的深烘豆子，越是通常使用比较浓的"浓厚萃取"。不过，当身体需要一杯轻盈爽口的咖啡时，我也会把深烘咖啡冲得清淡，也有客人喜欢喝酸度强劲的浓缩浅烘咖啡。

参考这些冲法，多多尝试，慢慢就能够想象冲出的咖啡会在什么地方"着陆"。这样，对咖啡的品味会变得很深层。愿你做出可以贴近不同时刻心境的咖啡。

清晨的明亮咖啡

淡味萃取

配方

咖啡豆：拼配豆“Oryza”[*]

生豆处理：水洗法、日晒法

烘焙：中度微深 ~ 中深烘

粉量：15 克【25 克】

萃取量：120 毫升【240 毫升】

大致萃取时间：1 分半【2 分半】

水温：90~95℃

[*] 华丽明艳的独特风味，闪耀着动人的光泽，以埃塞俄比亚的耶加雪菲为主体拼配的一款豆子。“Oryza”是稻子的学名。秋日的田园金黄灿烂，稻穗象征着丰饶与祝福，以此命名，是想做出和这景色一样美的咖啡。

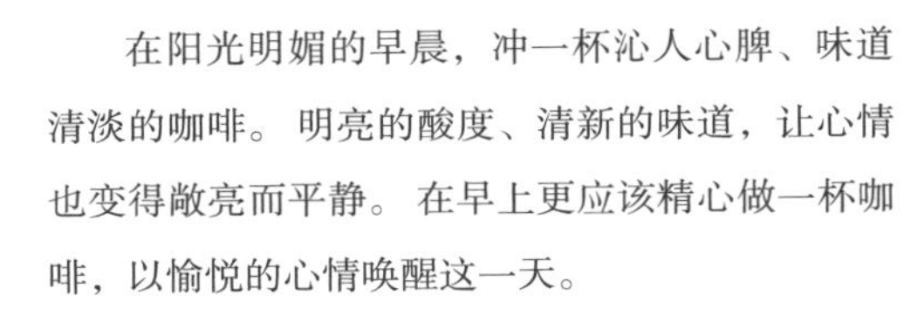

在阳光明媚的早晨，冲一杯沁人心脾、味道清淡的咖啡。明亮的酸度、清新的味道，让心情也变得敞亮而平静。在早上更应该精心做一杯咖啡，以愉悦的心情唤醒这一天。

想要温和的味道时，推荐这种冲法。由于咖啡豆的用量少，水温要稍高，以使成分容易溶解。也适用于酸度强的浅烘或中烘咖啡。浅烘咖啡如果冲得太浓，酸度会太尖锐。这种冲法浓度刚好，酸度比较柔和，可以令人感受到宜人的华丽香气和果味。不喜欢咖啡酸度强的人也不妨试试，也许会发现新的美味。反之，不建议使用极深度烘焙的咖啡，因为在浓度不够时，特有的烟熏香气会变得粗糙。

使用的豆子是“Oryza”拼配豆。以埃塞俄比亚的耶加雪菲为主拼配而成，具有干净明亮的酸度和华丽的香气。

午后强劲的咖啡

中庸萃取

配方

咖啡豆：拼配豆“珀”[*]

生豆处理：水洗法、日晒法

烘焙：中深烘 ~ 深烘

粉量：20 克【30 克】

萃取量：120 毫升【240 毫升】

大致萃取时间：2 分钟【3 分钟】

水温：90~95℃

[*] 味道像琥珀一样澄净但又深邃的一款拼配豆。选用同样产自肯尼亚的豆子，经过不同程度的烘焙，再进行拼配。

想振奋一下的时候，需要一杯令人神清气爽的咖啡。

扎实的苦味和甘甜、清晰的酸度。

一边喝，一边加深呼吸，喝完之后心情焕然一新。

不知不觉，沉重的身躯也变得轻盈了。

想要强烈浓厚的味道时，推荐这种冲法。为了做出一杯强劲的咖啡，可以增加咖啡豆用量。仅通过延长萃取时间提升浓度，效果是有限的，如果要足够浓郁，一杯最好用 20 克豆子。

使用的豆子是以肯尼亚豆为主的拼配豆“珀”。肯尼亚豆的特征是有黑加仑般的果味，深烘的豆子有巧克力般的香醇和鲜明的苦味，适度的酸，层次复杂深邃。稍微冲得浓一些，尽享甘醇。危地马拉、哥伦比亚等其他苦味强、酸度温和的咖啡，也推荐使用这种方法。

黄昏的深烘

浓厚萃取

配方

咖啡豆：拼配豆“羚羊”[*]

生豆处理：日晒法、苏门答腊法

烘焙：深烘

粉量：25 克【40 克】

萃取量：100 毫升【200 毫升】

大致萃取时间：2 分半【3 分半】

水温：85~90℃

[*] 我曾在东北部的森林中遇见羚羊。羚羊安静地凝视着我，莫名的神圣，让身体仿佛在瞬间通透舒展。那是一个神秘而美丽的时刻，由此诞生出这款香气醇美优雅的深烘拼配。

身体疲惫时可以来杯啤酒，而心灵疲惫时，深烘咖啡的甘苦能够沁入内心。

或许有点夸张，深烘咖啡深沉内敛的味道，可以抚慰灵魂。

瞥着深红色的液体，让思绪驰骋于各处，这样的时间是很宝贵的。

深烘咖啡如果冲得太浅，苦味容易变得粗糙干涩。要萃取出充足的浓度，才能带出深烘咖啡特有的甘苦。想要非常厚重的味道时可以奢侈一点，一杯用 25 克豆子，比平时萃取更少的量。一点点含在口中，享受味道慢慢扩散。使用稍低的水温，让咖啡既有浓厚感，苦味又不会太刺激，口感圆润。使用的拼配豆“羚羊”，以深烘的埃塞俄比亚耶加雪菲和印度尼西亚曼特宁为主体。因为足够厚重，能进一步带出奇异迷人的独特风味。

思索的时间

浓缩萃取

配方

咖啡豆：埃塞俄比亚的哈拉尔

生豆处理：日晒法

烘焙：深烘

粉量：30 克【50 克】

萃取量：50 毫升【100 毫升】

大致萃取时间：2 分钟【3 分钟】

水温：80~85℃

[*] 在法语中是“半杯”的意思（demi：一半，tasse：杯子），这个词也用来称呼装在这种小杯子里的浓厚而量少的咖啡。

浓缩咖啡（demitasse）[*]奢侈地使用比平时更多的豆子，萃取时只保留前段最浓的那部分。像纯饮威士忌一样，小口小口地慢慢啜饮，让咖啡与舌头充分接触，在沉思时享用它。

比浓厚萃取更加浓厚。滴滤式萃取，刚开始滴落的液体是最浓厚的，凝缩了美味的精华。品尝它如同享用熟成的蒸馏酒。虽然只有很少的50毫升，每一滴都充满了丰富的香味，是很奢侈的品饮方式。与苦味、涩味都被去除的意式浓缩相比，有完全不同的魅力。加上砂糖一口喝掉的话就太可惜了，最好是一点一点地送入口中，细细品味。使用具有独特坚果风味和蜜香的深烘埃塞俄比亚哈拉尔咖啡豆。做成浓缩咖啡，可以尽享凝缩的独特甘苦。

搭配其他嗜好品

有时候我们会单独享受咖啡，但也有很多时候会和其他食物一起享用。“咖啡与点心”是难分难舍的关系。选择合适的咖啡、变化冲煮方式来搭配点心，可以让美味有相乘的效果。这个搭配与思考的过程会带来更深层的愉悦。有些组合可能会掩盖咖啡原本的美味，但当两者完美契合时，就会激发彼此的优点，创造出新的美味。

在这里，想提供一点搭配其他嗜好品时，选择和冲煮咖啡的小诀窍。希望大家可以意识到，“把相似的东西放到一起”。这样不是为了相互补足对方没有的味道，而是当性质相似的部分结合时，相异的部分也会被凸显，变得更容易被感知。在准备咖啡时，要注意的是“风味的性质”和“浓度”。愿你在遇到精美的糕点时，可以从这些方面来考虑，享受组合的美味。

咖啡有各种各样的香气，如高级的花香、坚果的甘香、明亮的果香等。不同种类的豆子有不同的香气，烘焙也会带来芳香。关注咖啡豆的香气，选择和要搭配的点心有“相似风味”的豆子，双方的香气更易互相激发、融合。拥有相似味道时，它们可以共同创造一个协调的整体，甚至能让藏在深处的风味显现。回味的余韵也会非常精彩。

比如说，搭配加了黑加仑或者莓果的水果挞，相比深烘咖啡，酸度明显、有明亮果香的咖啡更合适。即使咖啡本身酸度比较强，和水果的酸味搭配在一起，也会变得没那么尖锐，而原本隐藏在酸味后难以尝出的香气会进一步显现，水果挞的果实滋味也会变得更新鲜。反之，如果搭配酸度少的深烘咖啡，深烘豆特有的烟熏香会变得粗糙，水果挞的酸味也变得尖锐起来。如果是巧克力类甜点，跟具有同样甘香和可可香、烘烤味的深烘豆会很搭。深烘豆与巧克力相得益彰。

除了结合相似的风味性质，在冲咖啡时，如果能关注“浓度”，可以让风味更调和。比如，含有大量巧克力或者黄油的浓厚点心，要搭配同样浓的咖啡。冲得太淡的话，纤细的香气就会被点心的强烈风味压制。增加豆子的用量，或者减少一点萃取量，做出浓厚的咖啡，才能包容点心的风味。反之，像舒芙蕾、司康一类轻盈的烘焙糕点，推荐搭配轻盈的咖啡。

巧克力

明艳的咖啡和诱人的纯巧克力完美搭配。一小块巧克力在舌头上慢慢化开，感受香气的起伏，融合巧克力残留的香气，浓厚的咖啡在口中蔓延开来，多么奢侈的时光啊。

配方

咖啡豆：埃塞俄比亚的耶加雪菲

生豆处理：日晒法

烘焙：深烘

粉量：25 克【40 克】

萃取量：100 毫升【200 毫升】

大致萃取时间：2 分半【3 分半】

水温：85~90℃

巧克力含有丰富的油脂，需要搭配不逊于此的浓厚咖啡。有苦味和烘烤感的巧克力，搭配浓厚萃取的埃塞俄比亚深烘咖啡。日晒法特有的华丽口感和深烘的浓郁度，能够激发出咖啡巧克力类的复杂风味。可可豆也和咖啡一样有很多不同的香气，选择与之性质相同的咖啡豆进行萃取。对于味道更浓、更容易掩盖香味的牛奶巧克力，推荐搭配更加浓郁的浓缩咖啡或者牛奶咖啡。

核桃饼干

味道温柔的核桃饼干，不管是以前还是现在，每次去盛冈我都一定会买。直接吃实在太浪费了。即使是简单的糕点，配上一杯精心冲煮的咖啡，也会让享用的时光更加美好。

配方

咖啡豆：危地马拉

生豆处理：水洗法

烘焙：中深烘

粉量：15 克【25 克】

萃取量：120 毫升【240 毫升】

大致萃取时间：1 分半【2 分半】

水温：90~95℃

核桃的香气、焦糖的甘甜和咖啡的香气非常相宜。将核桃饼干与同样有焦糖般甘甜、口感浓郁的危地马拉咖啡搭配尤其完美。对于用料扎实的烘焙糕点，搭配的咖啡不要太厚重，用淡味萃取的方式比较好。危地马拉和肯尼亚咖啡的甘甜香味，容易搭配很多不同类型的点心，这两种是令人百喝不厌的咖啡。

吐司

每当旅行时，总会忍不住去寻找咖啡馆。

早餐，果然还是吐司、咖啡和煮鸡蛋最好。

这个组合让人仿佛置身清晨的咖啡馆，在家的早上，有时会特别想吃。

配方

咖啡豆：巴西

生豆处理：日晒法

烘焙：中深烘

粉量：20 克【30 克】

萃取量：120 毫升【240 毫升】

大致萃取时间：2 分钟【3 分钟】

水温：90~95℃

巴西咖啡最大的魅力在于其坚果和巧克力般的甘香。虽然直接享用一杯浓郁的咖啡也不错，但非常适合搭配面包、糕点一类面粉制作的美食。吐司烤到微焦，入口咀嚼时的那种干香，混合巴西咖啡的坚果风味与微微苦味，这种搭配让人停不下来。如果是搭配厚厚的黄油吐司片，咖啡要使用中庸萃取，以使风味浓郁。

威士忌

有时候我会把咖啡作为酒后饮料。

在假日从容享受这个组合的时光是非比寻常的。

这是最适合沉浸于思索的时间。

共饮威士忌和咖啡越多，对这种深深沉溺其中的感觉越是上瘾。

配方

咖啡豆：印度尼西亚的曼特宁

生豆处理：苏门答腊法

烘焙：深烘

粉量：30 克【50 克】

萃取量：50 毫升【100 毫升】

大致萃取时间：2 分钟【3 分钟】

水温：80~85℃

把浓厚的浓缩咖啡作为酒后饮料，就像纯饮威士忌一样，用舌头一点点地充分品味。曼特宁的复杂香气让人联想到树皮、植物、香料，可以很好地融合威士忌略带泥煤味的回味，形成和谐的复杂风味。如果是单一麦芽威士忌、干邑白兰地或者卡尔瓦多斯白兰地的话，搭配香气华丽、烘焙程度较浅的咖啡，也非常令人愉悦。

花式咖啡

某日，看完一部诗意淡淡流淌的电影，为了在这份余韵中多沉浸一会，我想在附近找间咖啡馆。但咖啡馆过了晚上九点都不营业了，于是决定走进附近的一家酒吧。因为想喝咖啡，随便点了一杯爱尔兰咖啡，味道竟然极其优雅甜美。伴随着电影的余韵，这个味道让我记忆犹新。还有在维也纳，简单到几乎令人失望的维也纳咖啡；在北国的雪中闯入的一家咖啡店里的宁静温柔的牛奶咖啡……各种咖啡的味道和当时的感情一起，留在我的记忆中。

咖啡虽然有很强的个性，却也非常大度，不会容不下其他。我曾经觉得黑咖啡才是最好的，加牛奶或砂糖都是浪费，其实，每个人都有属于自己的方式。花式咖啡以咖啡为原材料展开创作，是一个深奥的世界。现在，偶尔调配花式咖啡，对我来说已经成为一种乐趣。

砂糖有助于缓和苦味尖锐的刺激。喝意式浓缩咖啡时，加糖最美味。我至今还记得，年轻的时候向往意式小酒馆，第一次去意大利时，没有加糖就直接喝了，意大利的朋友觉得难以置信，大为吃惊。从那时起，我会在意式浓缩咖啡里多加糖，一饮而尽，品味凝缩的甘甜，开始懂得欣赏其中美味。

在有茉莉花般香气的埃塞俄比亚耶加雪菲咖啡里加入砂糖，可以让苦味柔和，增强华丽的香气，使其变成非常甘美的咖啡。我有时候也会搭配酒将其做成皇家咖啡来享用。

奶油或者牛奶给人柔软、丰盈的感觉。我的店里也提供“琥珀女王”或“爱尔兰咖啡”等使用奶油的咖啡。虽然都加了奶油，但在口中蔓延的浓厚咖啡味，交织着柔顺的奶油，所产生的不均匀的风味各有特色。

酒和咖啡也是非常迷人的组合。不管是威士忌还是白兰地，在香气上与咖啡的和谐自不必说，作用于感性的酒，搭配作用于理性的咖啡，那种混沌感也很妙。雷蒙德·钱德勒的硬汉小说《漫长的告别》中，冷酷的侦探马洛将波旁酒滴到咖啡里，简直太帅了。

把咖啡作为一种原料，发挥其优势与其他食物组合，对于热爱咖啡的人来说，会更有魅力吧。前面提到的组合诀窍在这里也适用。留意浓度和香气的性质，尝试一下，你也许会发现新的美味。

牛奶咖啡

疲惫的日子，有时会来一杯加了糖和很多牛奶的牛奶咖啡。温热的牛奶搭配浓缩咖啡，是非常协调的味道。在寒冷的夜里，加上朗姆酒享用就更好了。

配方

咖啡豆：埃塞俄比亚的哈拉尔
生豆处理：日晒法
烘焙：深烘
粉量：30 克【50 克】
萃取量：50 毫升【100 毫升】
预计萃取时间：2 分钟【3 分钟】
水温：90~95℃

· 牛奶 90 毫升【180 毫升】

1. 牛奶倒入奶锅，小火加热
2. 咖啡进行浓缩萃取
3. 在杯中倒入咖啡和热牛奶

做牛奶咖啡，最重要的是要使用浓厚的咖啡。如果你用淡咖啡加牛奶，喝起来会很寡淡，难以下咽。最好使用深烘的咖啡豆，萃取的水温也要高，这样才能带出咖啡该有的苦味。同样重要的是，牛奶不能太热。温度不太高时，牛奶的甜味会更明显。加热到锅边冒起小气泡的程度即可。

维也纳咖啡

享受热咖啡与冷奶油的反差，令人愉悦的咖啡饮品。

加点糖和朗姆酒让它的味道更加和谐。

配方

咖啡豆：拼配豆“羚羊”

生豆处理：日晒法、苏门答腊法

烘焙：深烘

粉量：25 克【40 克】

萃取量：100 毫升【200 毫升】

大致萃取时间：2 分半【3 分半】

水温：85~90℃

· 淡奶油适量
· 粗砂糖 15 克【30 克】
· 朗姆酒适量
· 巧克力适量

1. 在淡奶油中加入适量砂糖，打发至还可以流动的状态
2. 在杯中加入粗砂糖，滴入几滴朗姆酒
3. 咖啡进行浓厚萃取，倒入杯中
4. 在上面倒入淡奶油，削一点巧克力碎屑

在日本，顶上添加搅打奶油的咖啡通常被称为“维也纳咖啡”，从很久以前就写在咖啡店的菜单上。“维也纳咖啡”对应的日文是日本特有的和制英语词，在维也纳当地，此种咖啡其实另有其名，比较接近名为“Einspänner”的饮品。为了搭配奶油的浓郁口感，推荐使用深烘咖啡进行浓厚萃取。

皇家咖啡

传说拿破仑很喜欢喝。
搭配芬芳醇美的白兰地，是香气浓郁的经典名作。
请点燃浸透白兰地的方糖，享受升腾的香气。
然后将融化的糖浆加入咖啡中，慢慢享用。

配方

咖啡豆：埃塞俄比亚的耶加雪菲
生豆处理：日晒法
烘焙：中深烘
粉量：20 克【30 克】
萃取量：120 毫升【240 毫升】
预计萃取时间：2 分钟【3 分钟】
水温：90~95℃

· 方糖 1 块【2 块】
· 白兰地适量
· 皇家咖啡匙

1. 咖啡进行中庸萃取
2. 把方糖放在咖啡匙上，架在咖啡杯上
3. 往方糖上倒白兰地，浸湿方糖后点火

咖啡使用中庸萃取，有一定的浓厚感。不用勺子时，也可以提前将糖溶解在咖啡中，轻轻地把白兰地倒在咖啡的表面，然后点燃。除了白兰地，也可以使用其他喜欢的烈酒。欣赏燃起的火焰，感受白兰地的香气，火熄灭后，混合融化的糖浆，即可慢慢享用。

白兰地的奢华香气和耶加雪菲柔和的花香十分般配。探索烈酒和咖啡的组合充满乐趣。

冰咖啡

日本闷热潮湿的夏天，很适合来一杯冰凉的咖啡。

光是听到冰块碰撞杯子叮叮当当的声音，就让人觉得凉爽。

比起咕咚咕咚地大口喝，我更想细细品味冲得浓一些的咖啡。

配方

咖啡豆：肯尼亚
生豆处理：水洗法
烘焙：深烘
粉量：30 克【50 克】
萃取量：80 毫升【160 毫升】
预计萃取时间：2 分钟【3 分钟】
水温：90~95℃

· 冰块 80 克【160 克】

1. 咖啡进行浓厚萃取
2. 在玻璃杯中放满冰块
3. 一口气倒入咖啡，搅拌使其快速冷却

萃取后的咖啡如果放进冰箱冷藏，香气会消失，口感也会变得浑浊。快速冷却刚冲好的咖啡，使其具有干净澄澈的味道，香气的挥发和风味的变化也会降到最低。咖啡要萃取得浓些，确保冰块融化后的浓度恰到好处。使用深烘的咖啡豆能做出苦味干爽的冰咖啡。使用保留了酸度、烘焙程度浅一点的咖啡豆，能做出清新爽口的味道。由于冷却后更容易尝出酸味，用深烘豆以外的豆子时，可以稍微减少一点用量，避免酸度过于尖锐。

爱尔兰咖啡

寒冬的夜里，用爱尔兰咖啡来温暖身心。
这是可以透过柔滑的奶油细细品味的含酒咖啡。
随着粗砂糖逐渐溶解，其口感变化十足。

配方

咖啡豆：危地马拉
生豆处理：水洗法
烘焙：深烘
粉量：30 克【50 克】
萃取量：70 毫升【140 毫升】
预计萃取时间：2 分钟【3 分钟】
水温：90~95℃

· 淡奶油 25 克【50 克】
· 粗砂糖 10 克【20 克】
· 爱尔兰威士忌 30 毫升【60 毫升】

1. 淡奶油打发至还可以流动的状态
2. 萃取咖啡（比浓厚萃取更浓）
3. 在耐热玻璃杯中加入咖啡和粗砂糖，轻轻搅拌（不要让砂糖彻底溶解）
4. 倒入爱尔兰威士忌，再把淡奶油倒在上面

源自爱尔兰都柏林的一种鸡尾酒。在 20 世纪 40 年代，很多飞机会经停爱尔兰补充燃油，为了给乘客带来温暖，人们发明了这款酒。正如其诞生背景，它是一款适合在寒冷冬夜里喝的饮品。使用大量的咖啡豆，萃取出不逊于威士忌强烈风味的浓厚咖啡。可以根据个人喜好，加上巧克力碎屑、肉桂或者香草等，增加香气。还可以用爱尔兰迷雾[1]替代爱尔兰威士忌，这样做出的咖啡比较女性化，风味更为绚丽。除此之外，也可以加入苏格兰威士忌，或者加入卡尔瓦多斯白兰地做成“诺曼底咖啡”。

---

[1] Irish Mist，一款以陈年爱尔兰威士忌为基酒，加入石南花和三叶草蜂蜜、芳香草本和其他烈性酒制成的利口酒。——译者注

阿芙佳朵

冰凉的香草冰激凌，搭配醇厚的浓缩咖啡。

沉溺在咖啡中。

配方

咖啡豆：埃塞俄比亚的哈拉尔

生豆处理：日晒法

烘焙：深烘

粉量：30 克【50 克】

萃取量：50 毫升【100 毫升】

预计萃取时间：2 分钟【3 分钟】

水温：85~90℃

· 香草冰激凌适量

1. 咖啡进行浓缩萃取
2. 杯中先放入香草冰激凌，再浇上咖啡

阿芙佳朵（affogato）是意大利语“沉溺、淹没（冰激凌）”的意思。冰箱里有富余的香草冰激凌时，我会花点功夫，浇上浓厚的咖啡，做成一杯阿芙佳朵。此外，撒些坚果或者可可豆，口感会更有层次。用冰咖啡的话，冰激凌不会融化太多，有点像雪顶咖啡，也很美味。香草冰激凌风味浓厚，咖啡也要用浓缩萃取才不逊色。

咖啡冻

有时候会突然想吃咖啡冻。

把香气丰富的新鲜咖啡冷藏凝固，我其实有点内疚，但微微的苦味、滑入喉咙的冰凉令人上瘾。

配方

咖啡豆：埃塞俄比亚的耶加雪菲
生豆处理：日晒法
烘焙：深烘
粉量：30 克【50 克】
萃取量：80 毫升【160 毫升】
预计萃取时间：2 分钟【3 分钟】
水温：90~95℃

· 细砂糖 5.5 克【11 克】
· 吉利丁粉 1.5 克【3 克】
· 朗姆酒适量
· 淡奶油 25 毫升【50 毫升】
· 细砂糖（用于淡奶油）1.5 克【3 克】

1. 吉利丁粉用少量水泡发
2. 在容器中先加入泡发的吉利丁、砂糖、朗姆酒，再进行咖啡萃取，倒入咖啡，轻轻搅拌均匀后，放入冰箱冷藏约半天至凝固
3. 在淡奶油中加入砂糖，打发至还可以流动的状态，倒入咖啡冻上层

将芳香怡人的咖啡冻起来，虽然有些令人抵触，但有很多咖啡剩余的时候，把咖啡做成果冻是个不错的选择。如果凝固得太结实，散发出的香气会很弱，所以我会尽量做得柔软一些，入口即化。

虽然也可以直接用黑咖啡，但我一般会加糖，当作甜点享用。加一点朗姆酒提香，更能凸显整体的优雅风味。多用一点黑糖代替细砂糖，增加甘甜的风味，也很美味。

写在最后

“非常感谢。”

有多少次，被客人的这句话所拯救和支撑？

“以礼始，以礼终。”我从小学一年级开始学习剑道至今，通过剑道学会了这种重视礼仪的姿态。在看似无机、繁忙的都市东京，我很幸运能经营一家小小的咖啡店，从事着相互尊重的工作，通过咖啡，端正自己的内心，获得成长。作为一家咖啡店的店主，没有比这更开心的事了。

作为人，有时会被困于地位、名声和他人的评价等。但比起被赞扬“太棒了”，我真心希望终生坚持一份能获得“谢谢”的工作。我能够做的不多，但如果可以通过咖啡以某种方式帮助大家，那就太好了。

我自己在情绪找不到出口时，总是从咖啡和享受咖啡的时间中获得帮助，这也是我进入咖啡世界的契机。这一点至今未变，我觉得我的工作是通过咖啡提供一个“调息”的时间。有时候退一步看，会觉得向“区区咖啡”献上一切的自己如此脆弱，对此感到恐惧。然而，每当看到店里喝着咖啡、发出舒心叹息的客人，总能再次确信，具有这份价值的“正是咖啡”，由此重新打起精神。

无论是咖啡、料理还是甜点，怀着爱意精心制作的食物，带来的不仅仅是美味，更重要的是能够传递情感。为喝的人考虑、包含想法的咖啡，才是好喝的咖啡。

并不是杰出的咖啡带给人影响，而是能带给人某种影响的咖啡，才是杰出的、崇高的。我相信，一定有某种咖啡包含了你的纯粹本质。真诚为对方考虑的心态和寻求美味的行为之间有着深刻的联系。愿你能稍微深入咖啡的世界，做出有自己风格的咖啡。

2019 年 3 月，由于住宅开发，在东京鸟越经营至今的店铺不得不搬迁。这是东京奥运会召开之前无可奈何的时代潮流。在写这本书的同时，关店的日子越来越近。到今天几乎写完，已经是关店的前一天了。准备搬店重开的这段日子让我有机会重新审视每一步工作的意义和可贵之处，以及咖啡的作用和魅力。虽然资历尚浅，但希望这本记录了我的思考的书，能够对大家探索真挚、可爱的咖啡有所帮助。

这家店不仅属于我，也属于珍视在此喝咖啡的时光的客人。虽然当时的氛围已不可复现，但是为了让大家能够追溯在这里时的思索和情绪，我用了很多店里的照片。有点偏离了主题，还请原谅我的任性。

最后，我想向所有帮助我出版这本书的人致以诚挚的谢意，包括教会我很多关于咖啡和工作的知识的前辈，给了我很多协助、和我一起去咖啡生产国的摄影师铃木静华女士，设计师芝晶子女士，责任编辑益田光先生，以及所有支持我的家人、前辈和朋友。

还要感谢所有的员工，对于总是随心所欲地行动的我，从来没有露出不高兴的表情，始终鼓励我、陪伴我，守护着这家店。非常感谢。以及，一直支持着我的客人们，再次向你们表示深切的谢意。

平成三十一年（2019 年）三月十一日

芜木祐介

芜木祐介

Kabuki Yusuke